KB235602

캠핑 노마드

2012년 9월 5일 초판 1쇄 펴냄

지은이 왕영호
그린이 애스티
발행인 김산환
편집인 조동호
편집 이상재 윤소영
디자인 이영규
출력 위너스 프린팅
인쇄 다라니
펴낸곳 꿈의지도
주소 경기도 파주시 교하읍 문발리 출판단지 516-2
전화 070-7535-9416
팩스 0505-991-9416
홈페이지 www.dreammap.co.kr
출판등록 2009년 10월 12일 제82호

ISBN 978-89-97089-13-0-13980

캠핑 노마드

왕영호 지음

꿈의지도

인천 – 나고야
카미코오치
시라카와
마이주루
타카야마
마츠모토
기소 계곡
교토
나고야

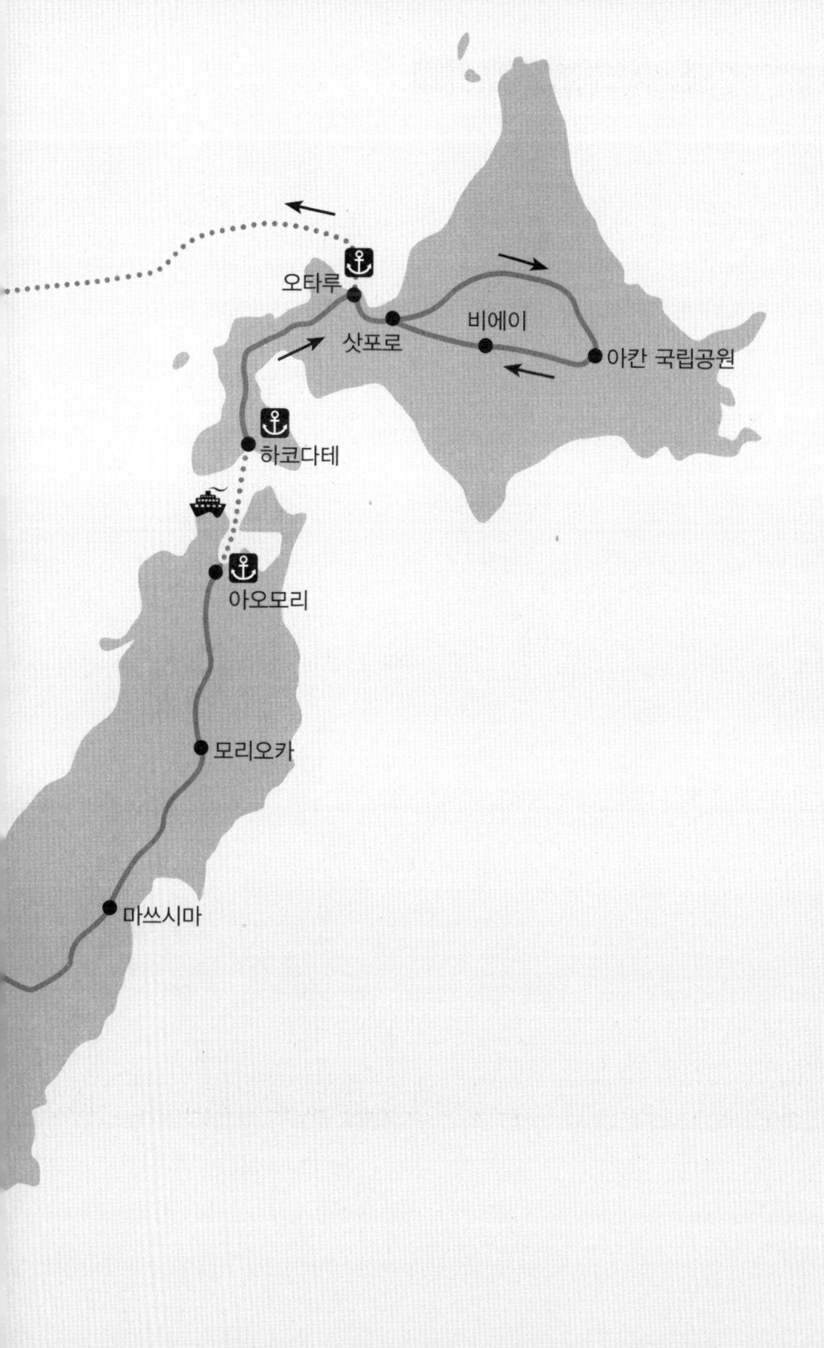

오타루
삿포로
비에이
아칸 국립공원
하코다테
아오모리
모리오카
마쓰시마

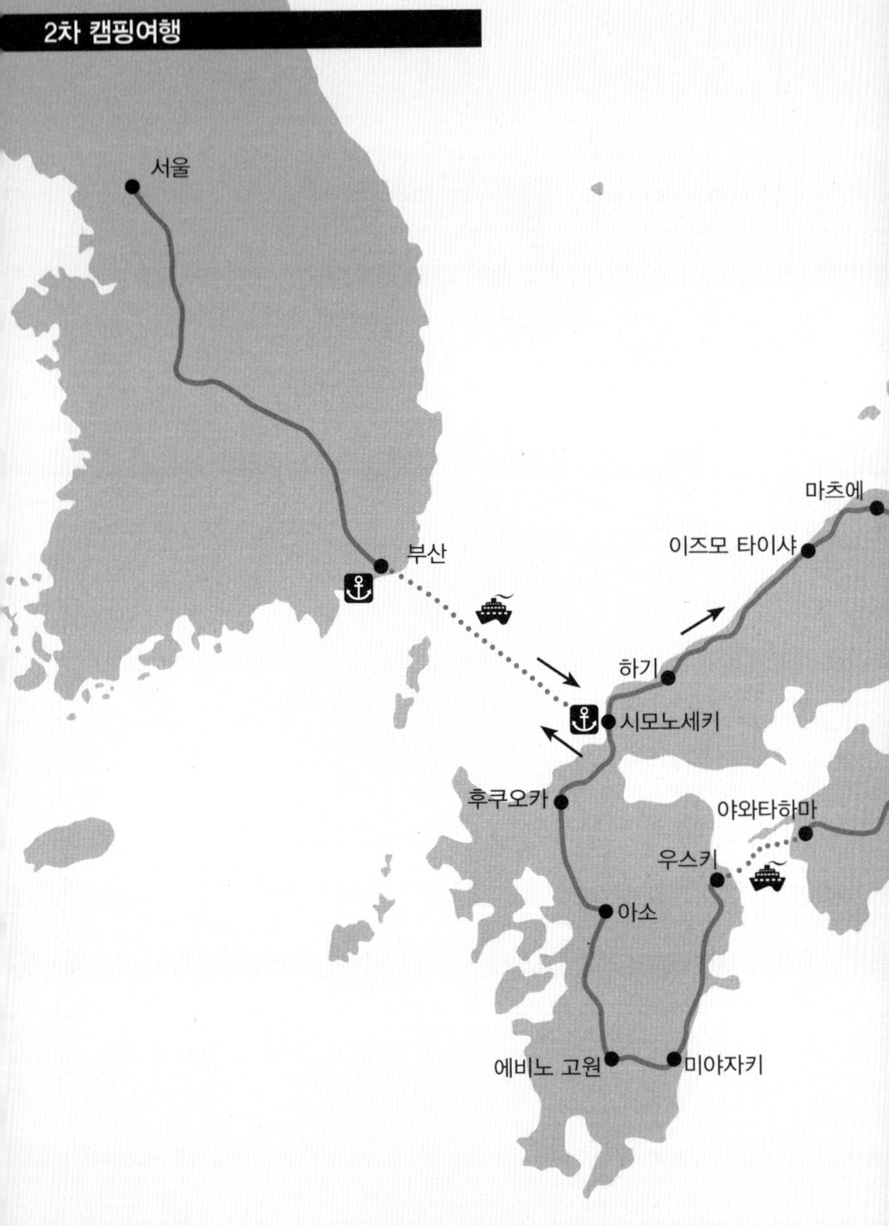

2차 캠핑여행
서울
부산
마츠에
이즈모 타이샤
하기
시모노세키
후쿠오카
야와타하마
우스키
아소
에비노 고원
미야자키

토카쿠시
하쿠바
나가노
카미코오치
마츠모토
타카야마
후쿠이
카루이자와
도쿄
돗토리
다이센오키 국립공원
후지 산
나고야
오사카
고야 산
토쿠시마
이야 계곡

CONTENTS

136

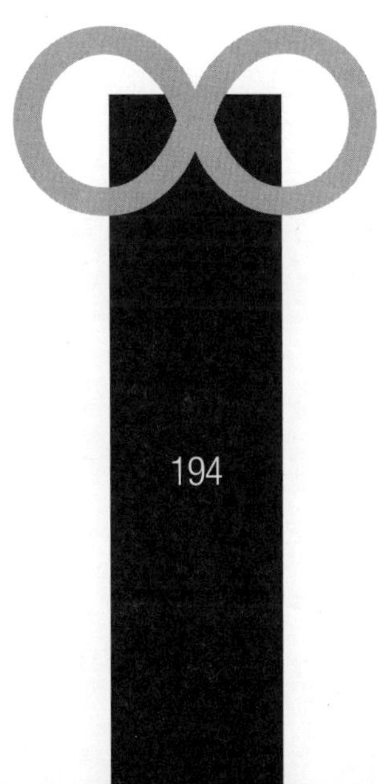

194

자유란 내가 누구인지, 누가 아닌지를 아는 것
자유란 해야 할 일과 하지 말아야 할 일을 깨닫는 것
자유란 알고 있는 것을 실천에 옮기는 힘과 용기를 갖는 것

1.

수지. 수지의 얼굴을 바라본다. 그녀는 내가 좋아하는 어렸을 적 사진에서처럼 천진난만한 표정을 한 채 잠들어 있다. 나는 그녀의 잠든 모습을 지켜보는 걸 좋아한다. 그녀가 얼마나 순수한 사람인지를 알 수 있기 때문이다. 그녀가 품고 있는 영혼의 아름다움은 무의식의 세계에서 더 잘 드러난다. 그러니까 깨어있을 때의 신경질적인 모습과 차가운 표정만으로 그녀를 판단해서는 안 된다. 그건 마치 수면 위의 얼음을 빙산의 전부로 착각하는 것과 같다. 나는 안다. 그녀의 심장에는 누구보다 뜨거운 피가 흐르고 있음을. 드넓은 세상을 포용할 수 있는 깊고 푸른 바다가 그 안에 숨겨져 있음을. 그녀는 다만 스스로 쌓아올린 겹겹의 장벽으로 내면의 아름다움을 감추고 있을 뿐이다.

그녀가 하는 말을 그대로 믿어서도 안 된다. 이를테면, '나는 여행을 싫어한다'는 말. 그녀는 여행을 싫어하지 않는다. 경계할 뿐이다. 그것은 삶은 뒷전으로 한 채 자신의 꿈만 쫓는 철없는 남편에게 보내는 저항의 메시지이다. 저울 위에서 남편과 반대쪽에 위치함으로써 어떻게든 균형을 맞추어보려는 노력이다. 하지만 그녀의 말과는 반대로 그녀는 천성 여행자이다. 그 흔한 물갈이 한 번 해본 적이 없으며 잠자리 때문에 어려움을 겪은 적도 없다. 지금도 그렇다. 누구든 멀미를 느낄 정도로 흔들리는 이 배 안에서 저렇게 편안하게 잠을 잘 수 있는 사람은 흔치 않을 것이다. 그녀만큼 낯선 환경에서 잘 적응하는 사람을 나는 본 적이 없다. 적응력만 놓고 보면 나보다 한 수 위다.

그녀는 진짜 여행자다. 그 성격으로 말할 것 같으면, 깃발을 쫓아다니는 단체 관광객이 아니라 언제든 진부한 삶을 박차고 모험에 나서는 탐험가다. 그러지 않았다면 13년 전, 오직 확실했던 건 불확실한 미래뿐이었던 나와 결혼했을 리 만무하며 그간의 부평초 같았던 삶을 견뎌냈을 리 없다. 지금까지 나 같은 남자와 살 수 있었던 건 한 번 내린 결정을 무르지 못하는 우유부단한 성격 때문이라고 농담을 하는 그녀지만 여행자의 피가 흐르지 않았다면 여기까지 오는 건 불가능한 일이었을 것이다. 이 여행을 따라나선 것만 봐도 그렇다. 한 달 이상 구체적인 계획도 없이 캠핑을 하면서 일본을 돌아다니겠다는 이 허무맹랑한 계획에 동참할 수 있는 여자가 세상에 몇이나 있겠는가.

내가 지금 있는 곳은 대한해협이다. 일본과 한국의 경계를 이루는 그 바다. 더 정확히 말하자면 그 바다를 가로지르는 페리의 한 객실—상당히 힘든 여행이 될 테니 가고 올 때만이라도 좀 편하게 지내자는 생각으로 예약한 2인실—이다. 한쪽 구석에 있는 작은 테이블에 앉아 이 글을 쓰고 있다. 오른쪽으로 고개를 돌리면 칠흑처럼 어두운 밤바다가 금방이라도 쏟아져 들어올 듯한 원형 창문이 있고 그 반대쪽에는 객실 입구와 욕실이 있다. 뒤편으로는 유럽의 침대기차에 있을 법한 2층 침대가 있고 낯익은 얼굴의 여인이 아래 칸에서 곤하게 잠을 자고 있다. 작고 콤팩트하지만 있을 건 다 있는 객실이다. 앞으로 우리가 하게 될 고생을 생각하면 이보다 못한 객실이라도 감지덕지다.

오늘 아침 내가 눈을 뜬 곳은 서울이었다. 더 정확히 말하자면 우리가 운영하는 카페가 있는 홍대였다. 두 사람의 엉덩이가 위치할 앞좌석을 제외한 나머지 공간을 캠핑장비와 짐으로 꽉꽉 채워 넣고 홍대를 출발한 것이 바로 오늘 아침의 일이었다. 합정동에서 강변북로로 들어가는 진입로에서 나는 고개를 갸웃거렸다. 엄연히 외국으로 떠나는 여행인데, 우리는 캠핑 장비가 잔뜩 실린 차를 몰고 부산으로 향하고 있지 않는가! 갈림길에서 집중하지 않았더라면 평소처럼 인천공항 쪽으로 핸들을 꺾었을 것이다. 이래서 습관이 무섭다고 하는 것이다. 그렇게 해야 하는 이유를 잘 알고 있음에도 불구하고 늘 하던 대로 하지 않는다는 이유 하나만으로 대번 불안감에 사로잡히게 된다.

찜찜한 기분은 부산의 페리터미널에서 수속을 밟을 때까지도 이어졌다. 차량 세관 심사를 받고, 페리 안으로 운전해 들어가고, 주차를 하는 과정 하나하나가 그렇게 어색할 수가 없었다. 배를 타고 외국에 가는 것 때문일까? 아니다. 비록 오래 전 일이긴 하지만 비틀 호를 타고 큐슈에 간 적도 있었고 해외에서 유람선을 탄 적도 있었다. 그러면 도대체 왜일까 곰곰이 생각해보니 한국에서 내가 타던 자동차를 갖고 외국에 간다는 사실, 그 차로 여행을 하게 된다는 사실 때문이었다. 오랜 동안 여행 일을 하면서 웬만한 걸로는 놀라지도 않게 되었고 다분히 냉소적인 태도마저 갖게 된 나였지만 차를 갖고 해외로 나가는 일에 대해서만큼은 마음이 적잖이 흔들리고 있었던 것이다.

그렇다. 우리는 한국에서 가져간 차를 직접 운전하면서 한 달 넘게 일본을 유랑하려고 한다. 바람처럼, 구름처럼 마음 가는 대로 떠돌아다니려고 한다. 우리가 가려는 곳은 도시가 아니다. 관광지도 아니다. 그곳은 자연이다. 일본의 아름다운 자연을 찾아 그 속으로 최대한 깊숙이 들어가는 것, 캠핑과 트레킹을 하면서 자연과 하나가 되는 것이 이 여행의 목표다. 기상 상태가 아주 안 좋거나 심신의 피로가 극에 달할 경우 민박집이나 펜션 같은 곳을 이용하기도 하겠지만 그것은 예외적인 상황일 뿐, 기본은 언제나 캠핑이다. 텐트는 움직이는 집이요, 자연은 생활하는 동네가 될 것이다. 유목민들처럼 마음에 드는 환경을 찾아 머물고, 때가 되면 떠나는 여행을 하게 될 것이다.

여기까지 듣고 우리 부부를 아웃도어 레포츠 전문가이거나 자연과 함께 사는 자연인일 거라고 생각할 수 있지만 그것은 사실이 아니다. 우리는 흔히 말하는 캠핑 고수가 아니다. 아웃도어에 입문한지도 오래되지 않았고 경험도 일천한, 그저 꿈 많고 순진한 캠퍼일 뿐이다. 그리고 무엇보다 우리는 도시인이다. 자연에 대해서는 뭣도 모르는 도시 촌놈들이다. 도시는 우리가 태어난 곳이자 자란 곳이며 현재 살고 있는 곳이기도 하다. 어렸을 적에 시골 외가댁에서 여름방학을 보냈던 일 같은 예외적인 경우를 제외하고는 둘 다 도시를 벗어나는 일은 거의 없었다. '도시인'이라는 단어가 우리 부부를 지칭하기 위해 만들어진 단어가 아닐까 하는 생각이 들 정도로 순도 높은 도시인이다.

이런 식의 캠핑여행까지 시도하는 걸 보면 우리가 자연에 애정을 갖고 있는 사람들이라는 것만은 분명하다. 하지만 그것은 도시인이 자연에 대해 느끼는 결핍감에 더 가까운 감정이다. 그러니까 유부남들이 소녀시대를 좋아하는 것처럼 따분한 현실을 벗어나 짜릿한 환상을 꿈꾼다는 의미에서, 평소와는 다른 경험이라는 의미에서 자연을 좋아한다는 것이다. 그 증거로 우리는 늘 자연을 꿈꾸고 동경하지만 현실에서는 늘 도시에 사는 쪽을 택한다. 소녀시대의 노래가 끝나면 이내 정신을 차리고 현실 속의 여자—비록 모든 면에서 영 딴판일 지라도—에게 돌아오는 유부남들처럼. 자연은 무슨 일이 벌어질지 모르는 불확실성의 세계인 반면 도시는 집처럼 안전하고 편안한 공간이기 때문이다.

그런 면에서 이 여행은 우리 같은 도시인에게 큰 부담일 수밖에 없다. 이것은 가벼운 마음으로 떠나는 주말 캠핑이 아니다. 미지의 세계를 탐험하는 여행이다. 불확실성으로 가득한, 위험을 감수해야 하는 모험이다. 아내이자 여행의 유일한 동료인 수지에게는 더 그럴 것이다. 그녀는 캠핑경험이 별로 없을 뿐 아니라 육체적으로 힘든 여행도 거의 해본 적이 없다. 비록 취재의 목적이긴 했지만 여행을 직업으로 했던 남편 덕분에 동남아 휴양지의 고급 리조트와 최고급 호텔들을 누구보다 더 많이 경험한 그녀다. 텐트보다는 푹신한 침대와 거위털 베개에, 직접 해먹는 음식보다는 고급 레스토랑과 호텔 뷔페에 더 익숙한 그녀다. 이 여행은 그녀의 체력과 인내심을 시험하게 될 것이다.

　이런 상황이니 내 머릿속에 수지가 "오빠. 이건 내가 견딜 수 있는 영역 밖의 여행이야. 나를 한국으로 돌려보내 줘."라고 말하며 흐느끼는 장면이 떠오르는 건 이상한 일이 아니다. 만약 그런 일이 벌어진다면 나는 어떻게 해야 할까. 달콤한 말로 그녀를 위로해야 할까, 아니면 불같이 화를 내야 할까. 그것도 아니면 가까운 공항에서 그녀를 비행기에 태워 보내고 나 혼자만이라도 이 여행을 계속해야 할까. 그만. 그만 생각하자. 여행을 시작하기도 전에 걱정이 너무 많아도 좋지 않다. 지금은 걱정보다 용기가 필요한 때다. 발아래의 절벽보다는 푸른 하늘과 정상을 바라보면서 산을 올라갈 때다. 방법은 하나다. 매순간 최선을 다하고 모든 문제는 그 때 그 때의 상황에 맞게 해결하는 것.

　그렇다고 내가 그녀를 부담스러운 존재로만 생각하는 것은 아니다. 그녀는 나의 부족한 점을 채워주는 소중한 반쪽으로서 지금까지 우리의 삶에서 그래왔던 것처럼 나와 함께 이 여행을 이끌어갈 것이다. 나의 대책 없는 모험심과 무모함을 견제함으로써 이 여행이 심각한 위험에 빠져드는 상황을 막아줄 것이다. 이 여행이 너무 빨라지거나 복잡해지지 않도록 반대쪽에서 균형을 잡아줄 것이다. 그래서 이 여행을 누구나-우리 같은 도시인들과 캠핑초보들까지도- 따라할 수 있고 도전할 수 있는 여행으로 만들어줄 것이다. 여행을 직업으로 하고 여행을 주제로 사람들과 소통하는 일을 하는 나에게 현실 속에서 누구나 실현 가능한 여행 모델을 만드는 문제는 늘 중요한 과제이다.

　이쯤 되면 이 글을 읽는 독자들은 우리가 일본에서 캠핑여행을 하려는 이유가 궁금할 것이다. 왜 이런 모든 불확실성과 어려움을 감수하면서까지 이 여행을 해야 하는가? 그 이유를 설명하는 건 쉽지 않다. 왜냐하면 지금 이 자리에 오기까지의 스토리가 꽤나 복잡하기 때문이다. 그 이유가 우리의 삶에 깊게 연관되어 있기 때문이다. 그것을 제대로 설명하려면 우선 내가 언제 어떻게 캠핑에 빠지게 되었는지부터 이야기해야 한다. 그리고 그동안 캠핑이 어떻게 내 삶과 여행을 변화시켜왔는지에 대해서도 고백해야 한다. 우리의 삶에서 이번 여행이 갖는 의미역시 살펴보아야 한다. 이렇게 실타래처럼 얽혀있는 이야기들을 하나하나 풀어내지 않으면 제대로 된 설명이 될 수 없다.

그래서 나는 이번 여행을 시작하기 전에 먼저 시간여행을 떠나려고 한다. 내가 기억할 수 있는 가장 먼 과거로부터 출발하여 현재에 이르는 여행을 하려고 한다. 그것은 비단 이 책을 읽는 독자들의 이해를 돕기 위한 목적만은 아니다. 다른 누구보다 나 스스로를 위한 일이다. 나는 이 시간여행을 통해 내가 누구인지를 더 명확히 알게 될 것이며 내삶이 향하는 방향을 큰 그림에서 보게 될 것이다. 아울러 그것은 내가이 책에서 전달하려고 하는 메시지를 드러내는 밑작업이 될 것이다. 미리 말해두지만 이 책은 단순한 여행 에세이로 끝나지는 않게 될 전망이다. 이것은 여행을 동력으로 진화해가는 삶에 관한 이야기다. 아름다운 길의 끝에서 만난 '섬의 고원'에 관한 이야기다.

2.

호랑이 담배 피던 시절, '바캉스'라는 타이틀 아래 온 국민이 한 날

한 시를 택해 일제히 바다와 계곡으로 달려가던 그 시절, 날라리 대학생들의 어깨에 얹혀 진 카세트테이프 녹음기에서 "별이 쏟아지는 해변으로 가요~"라는 노래가 흘러나오던 바로 그 시절. 그것은 다름 아닌 캠핑의 전성기였다. 여행을 떠난다는 것은 곧 캠핑을 한다는 의미였으며 여행과 캠핑은 바꾸어 사용해도 하등의 문제가 없는 동의어였다. 텐트와 버너 같은 캠핑 장비들은 모든 가정의 필수품으로 요즘 같지 않아서 무겁기 짝이 없었고 그걸 실어 나를 자가용도 없었지만 사람들은 시외버스나 기차에서 부대끼면서 고생하는 걸 마다하지 않았다. 그렇게 고생하는 게 진짜 여행이 아니냐는 쿨한 태도로.

그 시대에는 캠핑장이 따로 없었다. 전 국토가 캠핑장이기 때문이었다. 산이나 계곡, 들판이나 해변 그 어디든 임자 없는 땅에서는 마음대로 캠핑을 할 수 있다는 암묵적인 동의가 있어서 텐트를 펼치는 곳이 바로 캠핑장이 되던 그런 때였다. 심지어 국립공원도 예외가 아니었다. 그 때문에 바캉스 철이면 전국의 해변과 계곡이 쓰레기로 몸살을 앓는 등 문제가 많았지만 캠퍼에게는 지금으로서는 상상도 할 수 없는 자유가 주어졌다. 정해진 캠핑장에서만, 그것도 아파트처럼 규격화된 데크 위에만 텐트를 칠 수 있고 주말에 캠핑을 하려면 인터넷으로 예약씩이나 해야 하는 지금과 비교하면 그 시절은 차라리 캠핑의 천국이라고 할 만 하다. 그 때야말로 진정한 캠핑의 시대였다.

내가 기억하는 가장 오래된 캠핑의 기억은 초등학교 시절로 거슬러 올라간다. 뜨겁고 무덥던 어느 여름날, 우리 가족은 통통배를 타고 서해안의 섬으로 바캉스를 떠났다. 난생 처음 배를 탄다는 기쁨도 잠시,

나는 속에 들어있는 것을 게워내느라 정신이 없었다. 버스만 타도 멀미를 하던 내게 뱃길은 지옥이나 마찬가지였던 것이다. 하지만 목적지에 도착하고 나면 가는 길의 고생은 눈 녹듯 사라지는 법. 나는 언제 그랬냐는 듯이 동생과 함께 해변을 질주하여 바다에 뛰어들었다. 그 순간 나는 모든 번민을 잊고 세상에서 가장 행복한 소년이 되어 있었다. 섬에서의 생활은 단순하기 그지없었다. 낮에는 수영을 했고 밤에는 손전등을 켜고 게를 잡으러 다녔다. 꿈결 같은 시간이 흘러갔다.

사건은 마지막 날 새벽에 터졌다. 지금이야 캠핑장비가 좋아져서 그런 일이 별로 없겠지만 옛날에는 음식 재료며 모든 짐들을 텐트 안으로 들여놓고 잠을 자다가 문제가 생기는 경우가 종종 있었다. 그날 밤이 바로 그런 경우였다. 코를 찌르는 냄새에 깨어보니 텐트 바닥이 온통 축축했다. 간장 통이 넘어지면서 그 안에 있던 간장이 모두 흘러나왔던 것이다. 사태를 더 심각하게 만든 건 바람이었다. 때마침 섬을 덮친 태풍이 모래바람을 일으키고 있어서 바깥에 나갈 수도 없었다. 죽으나 사나 텐트 안에서 견뎌야 했다. 진퇴양란이라는 사자성어는 이런 때 쓰라고 만들어놓은 말이리라. 우리 가족은 모두 손으로 코를 움켜쥔 채 그날 새벽을 뜬눈으로 새웠다. 정말 악몽 같은 밤이었다.

그 후로 캠핑은 늘 간장냄새를 동반했다. 텐트 뿐 아니라 우리가 사용하는 모든 장비에서 간장 썩는 냄새가 났다. 나중엔 얼마나 익숙해졌는지 그 냄새가 안 나면 뭔가 허전한 느낌이 들 정도였다. 믿기 힘든 이야기겠지만, 냄새가 나서 좋은 점도 있었다. 주변에 비슷하게 생긴 텐트가 많아도 집 찾을 때 아무 문제가 없었다. 꾸리꾸리한 냄새만 따

라 가다보면 어느새 우리 텐트 앞이었으니까. 게다가 사람들이 알아서 피하는 바람에 주변 공간도 항상 넉넉하게 쓸 수 있었다. 그 정도면 새로운 텐트를 사서 쓰는 게 백 번 마땅한 상황이었지만 아버지는 멀쩡한 걸 왜 버리냐며 고집을 부리셨다. 그래도 냄새는 어쩔 수 없으셨는지 텐트를 칠 때마다 고개를 돌리며 눈살을 찌푸리셨다.

캠핑에 관한 두 번째 기억은 중학생이 된 후 부모님에게는 친구네 집에서 잔다고 거짓말을 하고 서울 근교로 놀러갔을 때였다. 음식도 장비도 그 어느 때보다 허술했었지만 집을 벗어나 친한 친구들끼리 밤을 보낸다는 사실 하나만으로도 충분히 즐겁고 행복할 수 있었던 여행이었다. 그러나 운명의 신은 우리 편이 아니었다. 교련복을 입은 형들이 텐트에 들이닥친 것은 막 저녁식사를 하려는 찰나였다. 그들은 동네의 총책임자인 자신들에게 허락도 받지 않고 마음대로 캠핑을 한다며 시비를 걸었다. 서울에서 온 중학생을 대표해서 내가 여긴 임자 없는 땅이 아니냐며 따졌지만 '쪼그만 것이 겁 없이 대 든다'는 죄목으로 발길질을 당했을 뿐이었다. 이래서 리더가 어렵다는 거다.

그날 밤의 악몽을 기억하는 건 괴로운 일이지만 기왕 시작한 이야기이니 끝을 내야겠다. 우리는 무릎을 꿇은 채 피 같은 음식들이 그들의 입 속으로 사라지는 것을 지켜봐야 했으며 그것도 모자라 춤과 노래로 엔터테인먼트까지 제공해야 했다. 비록 강제이긴 했지만 술과 담배를 처음 경험하게 되었다는 점이 유일한 위안거리였다. 그들이 술에 취해 집으로 돌아갔을 때 우리는 완전히 파김치가 되어 있었다. 그래도 우리는 "내일이 있잖아."라고 서로를 위로하면서 잠을 청했다. 하지만 비극은 끝난 게 아니었다. 다음날 우리를 깨운 것은 그들의 고함소리와 발길질이었다. 그날 오후 감시가 소홀한 틈을 타 몰래 탈출하지 않았다면 지금까지도 그 마을에서 노예생활을 하고 있었을 것이다.

서울로 돌아오는 기차 안에서 나는 눈물을 훔치면서 맹세했다. 다시는 캠핑을 가지 않겠노라고. 차라리 성을 갈겠노라고. 캠핑을 가겠다는 사람이 있으면 도시락을 싸들고 쫓아다니며 말리겠노라고. 나에게 캠핑은 둘 중의 하나를 의미했다. 간장 썩는 냄새를 견뎌야 하는 화생방 훈련이거나 자유를 속박당한 채 주인을 섬겨야 하는 노예생활이거나. 어느 쪽이나 괴롭기는 매한가지였다. 그렇게 해서 나는 캠핑과 원수지간이 되었다. 캠핑의 '캠'자에도 몸서리를 쳤고 생각만으로도 몸에 두드러기가 돋는 듯 했다. 주변에 캠핑 다녀왔다고 자랑을 하는 친구가 있으면 당장 달려가 주먹부터 날리고 싶은 마음이 들 정도였다. 이런 현상을 지칭하는 단어는 한참 후에야 알게 되었다. '트라우마'

나처럼 괴롭고 억울한 경험을 한 사람들이 많아서였을까? 영원히 바뀌지 않을 것만 같았던 캠핑 일변도의 여행문화에도 균열이 생기기 시작했다. 콘도가 등장하면서 기존의 질서를 그 뿌리부터 흔들어 놓았던 것이다. 그것은 단순히 새로운 숙소의 등장이 아니라 '캠핑을 대체할 수 있는 새로운 여행 모델의 탄생'을 의미하는 대 사건이었다. 변화의 회오리는 우리 가족에게까지 덮쳤다. 어느 날 학교에서 돌아와 보니 아버지가 콘도 회원카드를 손에 들고 만지작거리고 계셨다. 투자하는 셈 치고 하나 가입했다는 것이었다. 그 순간 나는 아버지가 너무나 자랑스러워 견딜 수가 없었다. 당장이라도 시청 앞 광장에 달려가 "바로 이 분이 바로 내 아버지예요."라고 크게 외치고 싶었다.

때마침 대학생이 된 나에게 콘도는 실로 엄청난 선물이었다. 나는 콘도를 제 집처럼 드나들면서 첨단 여행문화에 깊이 빠져들었다. 나는 콘도가 정말 좋았다. 으리으리한 빌딩에 쾌적한 로비, 부엌이 있는 객실… 어느 것 하나 사랑스럽지 않은 것이 없었다. 부킹은 또 얼마나 큰 즐거움이었던지! 콘도에서의 부킹은 그야말로 식은 죽 먹기였다. 낮에 여자들끼리 들어가는 방 호수만 확인해두었다가 밤에 그윽한 목소리로 전화를 걸면 그걸로 끝이었다. 원숭이도 할 수 있는 일이었다. 한마디로 콘도는 행복의 보증수표 같은 곳이었다. 간장 썩는 냄새도 없고, 무서운 교련복 형들로부터도 자유로운 곳. 예쁜 여자들과의 아름다운 만남이 기다리고 있는 곳. 그곳은 이승에 건설된 천국이었다.

이것은 비단 나만의 스토리는 아니었던 것 같다. 콘도 열풍이 불기 시작한 바로 그 때부터 캠핑 인구가 급격히 줄어들었으니까 말이다. 그것은 몇 십 년 간 지속된 여행문화를 일시에 바꾼 엄청난 변혁이었다. 하지만 지금 생각하면 그것은 진작부터 예정된 일이었던 것 같다. 불편하고 촌스러운 것으로부터 편하고 화려한 것으로의 진화야말로 인류 문명이 향해온 일관된 흐름이 아니겠는가! 이제 사람들은 텐트와 버너를 창고 한 쪽에 처박아 둔 채 마이카를 타고 폼나게 콘도로 향했다. 마치 콘도에서 태어나고 자란 사람들처럼 자연스럽게. 그렇게 해서 캠핑은 순식간에 구시대 유물로 전락해버렸다. 비디오가 라디오 스타를 죽인 것처럼 콘도는 캠핑을 한 방에 시원하게 보내버렸다.

하지만 영원한 강자는 없는 법. 덧없이 흘러가는 시간은 콘도마저도 낡고 오래된 것으로 만들어버렸다. 이번에는 펜션 열풍이 모든 걸 휩쓸어버렸다. 콘도를 짓고 남은 땅에는—놀랍게도 그런 땅이 있었다— 동화책에서 방금 튀어나온 것처럼 예쁘고 아기자기한 모습을 한 펜션들이 빼곡하게 들어섰다. 대부분 그 정체를 알 수 없는 국적불명의 건물들이었지만 그런 건 아무래도 괜찮았다. 사진발만 잘 받으면 그만이었다. 그 와중에 본격적인 해외여행 시대가 열렸다. 이제 사람들은 답답한 국내를 벗어나 마음껏 해외를 돌아다니기 시작했다. 이 모든 변화가 가리키는 메시지는 분명했다. 캠핑은 이제 끝났다는 것이었다. 니체 형님이 살아있었다면 이렇게 일갈했으리라. "캠핑은 죽었다."

그런데 믿을 수 없는 일이 벌어졌다. 사망선고를 받고 어두운 무덤 속에서 고이 잠들어 있던 캠핑이, 아무리 노력해봤자 좀비 신분을 벗어날 수 없을 것 같았던 캠핑이 어느 날 갑자기 화려하게 부활한 것이다. 2000년대 들어 국립공원을 중심으로 오토캠핑장이 하나둘씩 문을 열더니 이어서 첨단 장비로 무장한 신세대 캠퍼들이 등장했다. 그것 외에는 대안이 없어서 캠핑을 할 수밖에 없었던 선배들과는 DNA부터 다른, 전보다는 훨씬 더 안정적이고 체계적인 기반 위에서 쾌적하고 세련된 캠핑을 즐기는 새로운 종류의 캠퍼들이었다. 그것은 누구도 예상할 수 없었던 일이었다. 마치 못생겨서 차버렸던 여자 친구가 절세미녀가 되어 다시 눈앞에 나타난 것처럼 충격적인 귀환이었다.

그 모든 것이 얼마 안가 수그러들게 될 일시적인 현상일 뿐이라며 애써 무시하는 사람들도 많았지만 그런 전망을 비웃기라도 하듯 캠핑의 열기는 시간이 지날수록 더해만 갔다. 결국 대한민국 전체가 캠핑 열풍에 휩싸이게 되었고 캠핑 관련 사업은 대박을 맞았다. 아웃도어 회사들은 새로운 캠핑 장비를 계속 쏟아냈고 펜션을 짓고 남은 땅에는－놀랍게도 그런 땅이 있었다－ 사설 캠핑장들이 속속 오픈했다. 그래도 밀려드는 캠퍼들을 다 수용하기에는 역부족이어서 쓸 만한 장비는 미리 예약을 해야만 겨우 살 수 있었고 수도권에서 가깝고 인기 있는 캠핑장들은 금요일부터 치열한 자리다툼을 벌리는 진풍경이 연출되었다. 캠핑은 그렇게 화려한 모습으로 우리 곁으로 돌아왔다.

여기서 우리는 이런 질문을 던지지 않을 수 없다. 사람들은 왜 캠핑을 다시 시작하게 되었을까? 그것도 거의 20년이나 지난 후에 말이다. 다양한 해석이 가능할 것이다. 미니스커트나 복고풍 양복처럼 때가 되면 돌아오는 트렌드의 순환으로 받아들일 수도 있고 선진국에서 유행했던 아웃도어 문화의 영향으로 볼 수도 있다. 하지만 가장 중요하고도 근본적인 이유는 자연에 대한 결핍감 때문일 것이다. 삭막한 회색 빌딩 숲 속에서 자동차 매연을 마시며 살게 된 도시인들이 자연의 소중함과 함께 그동안 잊고 있었던 캠핑의 가치를 깨닫게 된 것이다. 결국 이 모든 것은 본래 자연의 일부였던 인간이 잃어버렸던 야성과 자연성을 회복하기 위해 노력하는 과정에서 벌어진 소동이었다.

2006년 가을, 나는 10여 명의 지인들과 함께 덕유산 오토캠핑장을 찾았다. 중학교 때 이후 25년만에 캠핑을 하는 역사적인 순간이었다. 그 옛날 비극적인 경험에서 비롯되었던 트라우마는 나에게 더 이상 남아 있지 않았다. 오직 남아 있는 건 옛 시절의 낭만과 추억뿐이었다. 그날 우리가 사용한 텐트와 장비들은 주변 캠퍼들의 그것과 비교할 수 없을 정도로 허접한 수준이었지만 과거의 추억에 젖게 만들기에는 더 없이 완벽한 조건이었다. 우리는 모닥불 앞에서 기타를 치면서 노래를 부르다가 흥에 못 이겨 결국 댄스 음악을 틀어놓고 춤까지 추었다. 주변에서 조용하게 캠핑을 즐기던 가족 캠퍼들에게 우리의 존재감은 그 옛날 내가 경험했던 무서운 교련복 형들 못지않았을 것이다.

어쨌든 그날의 경험으로 나는 캠핑의 매력 속으로 한껏 빠져들었다. 하지만 캠핑을 본격적으로 즐기기 위해서는 넘어야 할 산이 많았다. 무엇보다 부담스러웠던 것은 시간적 여유였다. 휴일도 없이 일하는 것은 물론, 아침에 일어나자마자 컴퓨터 앞으로 기어가서 잠들기 직전까지 그것과 씨름을 하는, 전형적인 워커홀릭의 삶을 살고 있었던 내게 캠핑은 너무나 아득한 꿈이었다. 그러나 변화는 그렇게 높은 현실의 벽을 실감한 순간, '내 삶에 뭔가 문제가 있는 건 아닐까?'라는 의심이 든 바로 그 순간에 이미 시작되고 있었다. 덕유산에서 첫 캠핑을 한 지 1년 만인 2007년 가을, 모든 것을 한꺼번에 바꾸게 될 여행이 조금씩 그 모습을 드러내고 있었다. 일본으로 떠나는 캠핑여행이었다.

3.

나는 캠퍼이기 전에 여행자다. 캠핑은 그 자체로서 중요한 의미를 갖는 활동이자 목표지만 궁극적으로는 여행을 보다 풍성하고 깊이 있게 만드는 도구로서 존재한다. 그것은 내가 아무리 캠핑을 좋아하게 되더라도 변하지 않는 사실일 것이다. 왜냐하면 나에게 있어 여행은 내가 체험한 모든 경험과 정보가 하나로 섞이면서 융합되는 용광로이기 때문이다. 그러고 보면 나는 처음부터 캠핑만으로는 만족하지 못할 운명이었던 것 같다. 어떤 식으로든 캠핑을 여행에 접목시킴으로써 새로운 스타일의 여행을 시험해보게 될 운명이었던 것 같다. 그게 아니라면 보통의 캠퍼들처럼 국내 캠핑으로 만족하지 못하고 굳이 일본까지 가서 캠핑여행을 했어야 하는 이유를 설명할 길이 없다.

캠핑과 여행을 합치면 무언가 재미있는 게 만들어지지 않을까 하는 생각이 든 것은 캠핑을 시작한지 얼마 안 되었을 때였다. 비슷한 패턴의 반복에 지루함을 느낀 나는 캠핑을 좀 더 흥미롭게 만들 수 있는 방법으로 일본 캠핑여행을 떠올렸다. 그것은 이상한 일이 아니었다. 왜냐하면 나는 해외를 국내만큼 편하게 생각하는 숙련된 여행자인 동시에 늘 새로운 도전을 꿈꾸는 탐험가였기 때문이었다. 그곳이 왜 하필 일본이었는지에 대해 설명하는 것 역시 어려운 일이 아니다. 미국이나 호주도 좋아 보이긴 했지만 첫 번째 시도로서는 너무 멀고 힘들어 보였다. 다른 곳들은 캠핑여행이 가능한지조차 알 수 없었다. 이런 식으로 목적지들을 하나씩 제외시켜 나가자 일본만 남게 되었다.

내가 일본에 남다른 관심을 갖게 된 것은 일 년 전쯤의 일이었다. 한 여행사의 요청에 의해 진행했던 일주일간의 큐슈 온천마을 취재는 그동안 일본에 관한 편견을 깨는 중요한 기회였다. 심신의 피로를 말끔히 풀어주는 온천에, 먹기가 아까울 정도로 아름답고 훌륭한 음식에, 동남아의 고급 리조트 저리가라 할 정도로 극진한 서비스까지… 일본은 휴양여행의 천국이었다. 휴양 여행 전문가를 자처하면서 그동안 일본이 가진 가치를 모르고 있었다는 게 창피할 정도였다. 더 인상적이었던 것은 자연이었다. 온천마을을 둘러싸고 있는 자연환경의 아름다움은 감동적이기까지 했다. 계곡에서 들려오는 시원한 물소리와 삼나무 숲에서 뿜어져 나오는 청명한 공기에 나는 홀딱 반해버렸다.

내가 일본의 국립공원이나 아름다운 자연에 대해 호기심을 갖게 된 것도 그 때였다. 하지만 그것을 풀 방법이 없었다. 가이드북이든 인터넷이든 도시와 관광지에 대한 정보만 넘쳐났고 자연에 관한 정보는 드물었다. 그것은 정말 의외의 결과였다. 매년 엄청난 수의 여행자가 일본을 방문하는 시대에 자연에 관한 아주 기본적인 정보조차 찾을 수 없다니! 그것은 일본을 찾는 대부분의 여행자들이 도쿄나 오사카 같은 대도시나 큐슈나 홋카이도에 있는 일부 온천지에 집중적으로 몰리면서 생긴 현상이었다. 그렇다. 일본을 '가깝고도 먼 나라'라고 부르는 데는 다 이유가 있는 것이다. 속속들이 잘 알고 있는 것 같아도 실상은 그렇지 않은 것이다. 보고 싶은 면만 보고 있는 것이다.

생각 같아서는 당장이라도 떠나고 싶었지만 그렇게 쉽게 해결될 일이 아니었다. 실행에 옮기기에는 많은 문제들이 있었다. 가장 큰 장벽은 경비였다. 전국에 분포되어 있는 국립공원을 찾아다니려면 차량이 필수적이고 기간도 충분해야 하는데 일단 숙박비와 렌터카 비용만 따져도 천문학적인 숫자가 나왔다. 결국 현실의 벽 앞에서 무릎 꿇고 좌절할 수밖에 없었다 . 그러나 혜성처럼 떠오른 캠핑여행이라는 아이디어는 문제 해결의 실마리를 제공해주었다. 캠핑을 하면 비싼 숙박시설을 이용할 필요가 없고 식사도 직접 해먹을 수 있으니 경비를 획기적으로 절약할 수 있지 않겠는가. 꺼져가는 생명을 살려내는 사막의 비처럼 캠핑여행은 한동안 잊고 있었던 일본여행의 꿈을 되살렸다.

그런데 곰곰이 생각해보니 그것은 단순히 경비를 절약하는 차원이 아니었다. 캠핑여행은 내가 애초에 생각했던 일본 여행의 목적―자연을 탐험하는―에 더없이 이상적인 방법이었다. 말이 나왔으니까 이야기지만, 자연을 즐기고 체험하는 데 있어서 캠핑만한 방법이 또 어디에 있겠는가. 캠핑은 은밀하고도 신비로운 자연 속으로 나를 인도해줄 것이다. 나는 그 곳을 베이스캠프 삼아 미지의 세계로의 탐험을 계속해나갈 것이다. 마침내 나는 자연과 하나가 될 것이다. 이런 생각들을 하면 할수록 꼭 캠핑여행이어야 한다는 결론에 이르게 되었다. 설사 비용이 더 든다고 해도 그것을 고집해야 할 판이었다. 그만큼 캠핑여행은 장점이 많아 보였고 특히 일본과 잘 어울리는 것처럼 보였다.

경비 문제를 극복할 수 있는 길이 열리고 캠핑여행이야말로 일본을 탐험하는 가장 이상적인 방법이라는 걸 깨닫게 되면서 그동안 억눌렸던 여행의 욕구가 한꺼번에 터져 나왔다. 나는 일도 뒷전으로 미룬 채 시도 때도 없이 그 여행을 상상했다. 이 지경에 이르면 방법은 하나. 꿈에 굴복하는 것이다. 상상을 현실로 바꾸는 것이다. 이렇게 캠핑을 좀 더 재미있게 즐기기 위한 고민에서 시작된 일본 캠핑여행은 어느새 거스를 수 없는 미래가 되어 있었다. 나는 이 여행을 진실로 원하고 있었다. 그것은 내게 꿈의 여행이나 마찬가지였다. 캠핑, 트레킹, 드라이브, 온천, 일본음식... 내가 원하는 모든 것이 그 여행 안에 들어 있었다. 그것은 마치 최고의 재료들만 모아놓은 비빔밥과 같았다.

하지만 내가 이 여행에 끌린 가장 중요한 이유는 '오지로 떠나는 모험'이라는 의미 때문이었다. "말도 안 돼."라는 야유가 여기저기서 들리는 듯하다. 맞다. 넘어지면 코 닿을 정도로 가까운 곳이 어떻게 오지가 될 수 있다는 말인가? 물 샐 틈 없는 사회 안전망을 가진 일본에서 도대체 어떤 모험이 가능하단 말인가? 오지와 모험의 이미지에서 가장 먼 국가를 딱 하나만 꼽으라면 단연 일본이리라. 하지만 자연과 캠핑이라는 렌즈를 통해 일본을 들여다보면 상황은 확연히 달라진다. 우리에게 일본의 자연은 철저히 미개척지로 남아 있으며 캠핑여행 역시 생소한 여행방법이다. 알려지지 않은 장소를, 새로운 방법으로 여행하는 것－이것이 '오지로 떠나는 모험'이 아니고 무엇이겠는가!

결국 상상력의 문제가 아닐까 한다. 즉 어떤 대상이 진부하게 느껴질 때는 그 대상이 정말 그래서라기보다 나에게 상상력이 부족해서일 가능성이 더 높다는 것이다. 너무 잘 알고 있어서 더 이상의 흥미를 느낄 수 없을 것 같은 대상도 새로운 각도에서 접근방식을 달리 할 수 있다면, 표면과 경계를 넘어 깊은 곳에 숨어 있는 오지를 탐험할 수 있다면, 그리고 그 곳에서 미지의 세계로 통하는 문을 발견할 수만 있다면 계속 가슴 떨리는 신천지로 남아 있을 수 있게 되는 것이다. 이런 노력은 가까이 있고 자주 접하는 대상일수록 더 중요해진다. 그래야 처음에 가졌던 소중한 느낌을 간직한 채 서로 긍정적인 영향을 주고받으면서 함께 건설적인 미래를 만들어갈 수 있기 때문이다.

여행의 마지막 걸림돌은 동행자를 구하는 문제였다. 경비나 안전, 불확실성 등을 고려했을 때 이것이 혼자하기 어려운 여행이라는 것이

분명했다. 또한 아무하고나 해서도 안 되는 여행이었다. 그 어느 때보다 동행자가 중요한 의미를 갖는 여행이었다. 나는 주변에 여행계획을 알리고 적당한 사람을 물색해나갔다. 하지만 아무도 관심을 보이지 않았다. 긴 일정도 부담인데다가 일본으로 캠핑여행을 떠난다는 계획 자체가 너무 생소한 탓이었다. 아내인 수지와 함께 하는 게 최선이겠지만 그녀는 캠핑이라면 질색을 하고 있었다. 사실 나를 보내줄 지조차 의문이었다. 시간이 흐르면서 나는 초조해졌다. 다가오는 가을을 놓치면 또 한 해를 기다려야 한다는 것을 잘 알고 있기 때문이었다.

그러던 중 한 사람이 등장했다. 내가 운영하는 사이트의 회원이자 오랜 지인인 옐로우님이었다. 나는 그를 열렬히 환영했다. 넉넉하고 여유로운 성격에 섬세한 감성과 유머 감각까지 갖춘 그는 여행 동료로는 더 바랄 게 없었다. 옐로우님은 나처럼 캠핑 초보였지만 외모만큼은 전문 산악인 못지않았다. 아무리 낮게 잡아도 산장주인 급이었다. 카리스마 넘치는 외모로 캠핑장에서 온갖 실수를 저지르고 다니는 그의 모습은 늘 굉장한 볼거리였다. 그래서 그는 '외모만 아웃도어'라는 별명으로 불리고 있었다. 사실, 그의 터프한 얼굴에서 뿜어져 나오는 야성미는 캠핑여행의 콘셉트와도 더없이 잘 맞아떨어졌다. 그와 함께라면 인적이 드문 산 속에서도 무서움을 느낄 일은 없을 것이다.

옐로우님은 나만큼이나 그 여행을 가고 싶어했지만 쉽게 결정을 내리지 못했다. 내가 이 여행의 기간으로 정했던 2주가 직장인이었던 그에게는 무리였던 것이다. 그렇다고 기간을 무작정 줄일 수도 없었다. 그랬다가는 이도 저도 아닌, 차라리 안 하니만 못한 여행이 되어버릴 수 있었다. 최종적인 결정을 내리기로 한 날, 옐로우님은 회사에 말도 못했다면서 고개를 떨구었다. 여행이 물 건너갔다는 생각에 나도 마음속으로 눈물을 흘렸다. 그런데 반전이 있었다. 옐로우님은 며칠 후 카페 문을 박차고 들어오더니 이렇게 외치는 것이었다. "저 직장 때려 쳤어요. 일본여행 갑시다." 나는 그에게 새로운 별명을 붙여주었다. 그는 '외모만 아웃도어'가 아니라 '뼛속까지 아웃도어'였다.

그렇게 해서 일본 캠핑여행은 급물살을 타게 되었다. 우리가 가장 먼저 한 일은 인터넷과 책자를 뒤지는 일이었다. 구할 수 있는 정보가 많지 않은 걸 알고 있었지만 구체적인 여행계획을 짜기 위해서는 작은 단서와 실마리라도 찾아내야 했다. 비록 텍스트 위주의 간략한 정보이긴 했지만 론리플래닛 일본 편에는 국립공원과 트레킹 명소 등에 관한 정보가 있어서 큰 도움이 되었다. 인터넷에서는 모터사이클이나 자전거로 일본을 여행한 사람들의 블로그에서 약간의 정보를 구할 수 있었다. 그렇게 얻은 정보를 토대로 우리는 일본 중부의 북알프스라고 불리는 산악 지역과 홋카이도를 집중적으로 돌아보는 2주간의 일정을 만들었다. 일정에 따라 인천/나고야 간의 항공 예약도 완료되었다.

이제 캠핑 장비를 장만하는 일만 남아 있었다. 그것은 내가 진작부터 고대하던 순간이었다. 드디어 내 장비를 갖게 된다는 기대감에 한껏 부풀어 있었던 것이다. 변변한 장비도 없이 남의 신세를 지던 불행했던 과거로부터 벗어나 멋진 장비들과 함께 새롭게 태어나야 할 시간이었다. 하지만 실제로 닥쳐보니 그게 그렇게 즐거운 일만은 아니었다. 장비를 고르는 데 있어서 고려하고 신경 써야 할 일이 너무 많았기 때문이었다. 비행기를 이용하는 캠핑여행이다 보니 장비의 무게나 부피에 민감해질 수밖에 없었고 한국과 일본 양쪽에서 사용 가능한 지의 호환성 여부까지 따져야 했다. 해외로 떠나는 원정 캠핑 여행에 잘 맞는 장비를 고르기에는 우리의 경험과 지식이 턱없이 부족했다.

결국 선택은 저렴한 장비들로 귀착되었다. 적당한 걸 고를 수 있는 능력이 없고, 앞으로 계속 캠핑을 할지 안할 지도 모르는 상황에서 무턱대고 큰돈을 투자할 수 없었기 때문이었다. 그렇게 구입한 장비 중에는 우리의 무지를 보여주는 증거가 많았다. 대표적인 게 텐트였다. 쌀쌀한 가을철에 비도 많이 오는 산 속으로 들어가면서 방수도 잘 안 되는 하계용 텐트를 골랐던 것이다. 온라인으로 장비를 주문한 건 여행을 열흘 앞둔 시점이었다. 가지 수가 워낙 많아서 주문만으로도 꼬박 하루가 걸렸다. 다음날부터 주문한 장비들이 속속 도착하기 시작했다. 이후 며칠간은 카페를 찾는 손님보다 택배원의 수가 더 많았다는 거짓말 같은 이야기가 지금까지도 전설처럼 전해져 내려온다.

4.

2007년 10월 14일, 옐로우님과 나는 나고야 행 비행기를 타기 위해 인천공항에 그 모습을 드러냈다. 우여곡절 끝에 이루어낸 여행이었다. 우리가 얼마나 신나고 흥분되었을지는 독자 여러분도 충분히 짐작할 수 있으리라. 하지만 시작부터 호락호락하지 않았다. 항공사 카운터에서는 규정보다 오버된 짐 무게 때문에 가슴을 조려야 했고 출국장에서는 엑스레이에 걸린 버너와 랜턴 때문에 이리저리 불려 다녀야 했다. 나고야 공항에서는 한층 더 심각해져서 옐로우님이 입국심사대에 붙잡혀 오랫동안 심문을 받았다. 혹시 입국 거부라도 되는 건 아닌가 걱정이 될 정도였다. 한참만에 풀려난 옐로우님은 왜 입국심사관들은 한결 같이 사람을 외모로만 평가하는지 모르겠다며 씩씩거렸다.

나쁜 일만 있었던 건 아니었다. 공항의 렌터카 회사에 도착한 우리는 환호성을 질렀다. 생각지도 못했던 멋진 차량이 우리를 기다리고 있었기 때문이었다. 큐슈로라는 일본 전문여행사에서 이번 여행의 실험정신을 높이 사서 차량을 지원해주기로 약속이 되어있었는데 정작 어떤 차가 나올지는 모르고 있었던 것이다. 우리가 인도받은 차는 혼다에서 만든 레저용 차량으로 트렁크 공간이 넓어서 장비를 싣고 내리기에 더없이 편리했고 짐을 실은 채로도 좌석을 뒤로 눕혀 침대로 사용할 수 있을 정도로-나중에 실제로 그런 용도로 사용했다.- 앞뒤 공간이 넓었다. 캠핑여행에는 정말 최고라 할 수 있는 차였다. 너무나 멋진 선물에 약간은 침울해져 있었던 분위기가 한껏 달아올랐다.

우리가 향한 곳은 나고야 시내에 있는 한 민박집이었다. 그 여행에서 유일하게 예약을 해둔 숙소였다. 숙소를 시내에 잡은 것은 일본에서의 첫날밤을 즐겁고 편안하게 보내면서 마음의 안정을 찾자는 의미였다. 아직까지 우리는 자연보다는 도시를 더 편하게 느끼는 도시인이었던 것이다. 체크인을 한 후 숙소에서 멀지 않은 곳에 위치한 이온 몰(일본의 대표적인 대형 쇼핑몰)을 찾아갔다. 그 곳의 아웃도어 매장에서 나는 등산바지 등의 의류와 가방, 그리고 몇 가지 캠핑용품을 구입했다.

한국에서 미처 준비 못했던 것들이었다. 쇼핑으로 기분이 한결 더 좋아진 우리는 함박스텍으로 저녁식사를 하면서 여행의 시작을 자축했다. 즐거움과 긴장감이 공존하는 나고야의 첫날밤이었다.

다음날 아침 우리는 나고야를 벗어나 첫 번째 목적지인 기소 계곡으로 향했다. 기소 계곡은 북알프스에서 내려온 기소 강을 따라 형성되어 있는, 길이 60km의 계곡으로 아름다운 자연환경과 에도 시대 때 만들어진 우편 수송로로 유명하다. 우리는 그 중에서 마고메와 츠마고라는 유서 깊은 마을을 방문했다. 두 곳 모두 자연친화적인 환경에 전통적인 나무 가옥들이 그대로 보존되어 있는 고풍스러운 분위기였다. 그 옛날 여관으로 사용되었을 목조 건물들은 이제 상점과 카페로 바뀌어 예전과는 다른 종류의 여행자를 받고 있었다. 우리는 두 마을에서 한가롭게 걸으면서 거리에서 군것질을 하기도 하고 전망 좋은 카페에서 휴식을 취하면서 오랜만에 여행자의 자유를 만끽했다.

캠핑은 츠마고의 관광안내소에서 추천받은 곳에서 하게 되었다. 하지만 그 과정이 순탄치 않았다. 일본에서의 첫 번째 캠핑이라는 점을 감안하면 캠핑장에 일찍 들어가서 충분한 시간을 가졌어야 했는데 그러질 못했다. 평소 여행 다닐 때와 다름없이 여기저기 둘러보고 다니는 데 정신이 팔려있었던 것이다. 여행 초반의 들뜬 분위기에 취해있었던 게 문제였다. 게다가 해는 또 왜 그렇게 빨리 지는지. 캠핑장에 도착했을 때가 오후 5시쯤이었는데 주변은 이미 한밤중인 것처럼 깜깜해져 있었다. 거기에 엎친 데 덮친 격으로 캠핑장은 텅 비어 있었다. 캠핑하는 사람은 물론 관리인마저도 찾아볼 수 없었다. 건물이 몇 개 있긴 했지만 불이 다 꺼져 있어서 폐가같이 썰렁한 분위기였다.

우리는 이러지도 저러지도 못한 채 한동안 멍하니 서로만 바라보고 있었다. 캠핑할 만한 공간은 많았지만 무작정 텐트를 칠 수는 없었다. 가뜩이나 말도 안 통하는 상황에서 아무 허락도 없이 캠핑을 했다가 다음날 아침에 관리인에게 봉변을 당하거나 무단침입죄로 경찰서에 끌려가는 신세가 될 지도 모르는 일이지 않겠는가. 하지만 다른 방법은 없었다. 다른 캠핑장을 찾기엔 너무 늦은 시간이었고 캠핑을 포기하고 숙소를 찾는 건 자존심이 허락하지 않았다. 결국 우리는 그 캠핑장에서 하룻밤을 보내게 될 운명이었다. 우리는 불안한 마음을 억누른 채 차에서 캠핑 장비들을 꺼내기 시작했다. 변변한 랜턴 하나 없었기 때문에 차량의 헤드라이트 불빛에 의지해가며 텐트를 펼쳤다.

텐트를 치고 테이블과 의자까지 세팅하고 나니 마음이 좀 진정이 되는 듯 했다. 뭔가에 집중하면서 몸을 움직인 효과였다. 최소한 잘 곳은 생겼다는 안도감 때문이었을까, 갑자기 허기가 몰려왔다. 생각해보니 하루 종일 제대로 먹은 게 없었다. 숨 돌릴 틈도 없이 바로 식사 준비에 들어갔다. 하지만 버너를 켜고 숯불을 피우는 일은 생각처럼 쉽게 되질 않았다. 한국에서 이미 다 해본 일이었지만 다른 환경에서 익숙하지 않은 장비들을 사용해서 그런지 하나 같이 생소하게 느껴지는 것이었다. 그래서 우리는 작은 일이라도 성공할 때마다 아이처럼 기뻐하며 대단한 성공이라도 한 것마냥 하이파이브를 나누었다. 우리는 그런 식으로 서로를 응원하면서 분위기를 끌어올리고 있었다.

40

화로대 위에는 닭고기가 지글지글 소리를 내며 익어가고 있었다. 평소의 비주얼 때문이겠지만 닭다리를 한 입 베어 물고 환하게 웃는 옐로우님의 모습에서는 남극 같은 극한의 환경을 여행하고 있는 탐험가의 느낌이 물씬 풍겼다. 음식은 모두 꿀맛이었다. 차가운 도시락과 숯불에 구운 고기로 이루어진 간단한 식사였지만 한국에서와는 다른 이국적인 재미와 맛을 느낄 수 있었다. 식사 후에는 잔가지들을 모아 모닥불을 피웠다. 그리고 아사히 맥주로 일본에서의 첫 번째 캠핑을 자축하는 건배를 했다. 실로 감동적인 순간이었다. 정말 우리가 할 수 있을까 상상만 하던 일본 원정 캠핑의 꿈이 실현된 것이었다. 두 남자의 들뜬 목소리와 호탕한 웃음소리가 깊은 산 속에 울려 퍼졌다.

아침에 깨어보니 부슬부슬 비가 내리고 있었다. 한동안 텐트 안에서 빗소리를 감상하다가 비가 잦아든 후에 산책 삼아 캠핑장을 돌아보았다. 환경이 꽤나 근사했다. 울창한 삼나무 숲이 끝도 없이 펼쳐져 있었고 한 쪽 옆에는 시원한 물소리와 함께 흐르는 계곡이 있었다. 시설 역시 훌륭했다. 캠핑 사이트는 단단하면서도 배수가 잘 되는 흙바닥으로 되어 있었고 캠핑 장비를 자유롭게 배치할 수 있을 정도로 공간이 널찍했다. 세면장이나 화장실 시설도 깨끗하게 잘 관리되고 있었다. 일본의 캠핑장은 어떨까 궁금했었는데 마음에 드는 첫 인상이었다. 그렇게 멋진 캠핑장이 놀고 있다는 게 안타까울 따름이었다. 한국과 달리 일본은 가을철에는 캠핑을 하는 사람들이 많지 않은 듯 했다.

온천을 이용하는 문제에 대해서는 이견이 있었다. 나는 매일 온천을 하면서 캠핑의 피로를 풀자고 주장한 반면 옐로우님은 며칠에 한 번 정도면 충분하지 않겠냐는 것이었다. 나는 일단 온천을 해보고 결정하자고 했다. 옐로우님이 아직 일본의 온천을 경험하지 못한 상태였기 때문이었다. 캠핑장을 나오다보니 마침 근처에 온천이 있었다. 운이 좋게도 멋진 숲 전망에 분위기마저 근사한 노천탕이었다. 대중목욕탕을 생각했었던 옐로우님은 자연친화적인 온천의 모습에 깜짝 놀라는 눈치였다. 잠시 후 그는 뜨거운 노천탕에 몸을 담근 채 방금 자판기에서 뽑아온 차가운 맥주를 들이키면서 한 마리 야수처럼 "크~"하는 신음을 토해냈다. 또 한 명의 온천 마니아가 탄생하는 순간이었다.

국도를 따라 기소 계곡을 거슬러 올라갔다. 차량 통행량이 많은데다가 비가 많이 내려서 진행은 더딜 수밖에 없었다. 북알프스의 동쪽 관문으로 불리는 마츠모토 시를 지나 북쪽으로 더 올라가서 호타카라는 마을에 도착한 것은 오후 4시경이었다. 호타카는 일본의 대표적인 와사비 산지로서 내부시설을 무료로 개방하고 있는 와사비 농장이 여행자들에게 인기다. 궂은 날씨 속에서도 많은 사람들이 농장을 둘러보고 있었다. 가장 인상적이었던 것은 흐르는 강에 조성된 와사비 밭이었다. 물안개가 피어오르는 와사비 밭은 신비로운 분위기마저 풍겼다. 와사비는 산골짜기 깨끗한 물이 흐르는 곳에서 자란다고 한다. 산 많고 물 좋은 일본의 지형에 딱 어울리는 향신료가 아닐 수 없다.

이제 그만 그쳤으면 하는 우리들의 바람과는 반대로 빗줄기는 시간이 갈수록 점점 더 굵어지고 있었다. 온종일 비가 내리는 날에는 평소에 쾌활하고 적극적인 사람일지라도 우울해지고 소극적으로 변하기

쉽다. 우리처럼 야외에서 먹고 자고 하는 캠퍼에게는 두 말할 필요도 없을 것이다. 아니나 다를까 캠핑을 하겠다던 우리들의 의지는 이미 물에 젖은 종이처럼 흐물흐물해진 상태였다. 우리의 싸구려 텐트가 장대비를 견뎌줄지도 의문이었고 텐트를 잘 칠 수 있을지도 자신이 없었다. 결국 캠핑을 포기하기로 결론을 내리고 숙소를 찾아 마쓰모토 시의 중심가로 향했다. 그런데 영 마음이 편치 않았다. 아니 오히려 전보다 더 우울했다. 스스로의 약한 마음에 실망했기 때문이었다.

"옐로우님. 우리 그냥 카미코오치로 갈래요? 가다보면 비가 멈출 지도 모르고 유명한 데니까 거기 가면 캠핑장도 있을 것 같은데." 내 제안에 옐로우님은 이렇게 답했다. "그러죠. 뭐 비 좀 맞는다고 죽기야 하겠어요?" 그로서 적어도 한 가지는 확실해졌다. 우리가 그렇게 쉽게 포기하는 겁쟁이는 아니라는 것. 카미코오치는 북알프스의 중심에 있는 고원으로, 거길 가는 건 본격적인 산악지형에 들어선다는 것을 의미했다. 아니나 다를까 마츠모토를 벗어나자마자 오르막길이 시작되더니 도로 폭이 갑자기 좁아졌다. 좁고 긴 터널도 자주 등장했다. 우리는 극도로 긴장했다. 깜깜한 밤에, 더군다나 비까지 내리는 상황에서 좁고 어두운 산길을 주행한다는 게 쉬운 일이 아니기 때문이었다.

그렇게 힘들게 달려갔건만 우리는 카미코오치에 입성할 수 없었다. 낮 시간에 지정된 버스로만 출입할 수 있는 곳이었기 때문이었다. 그 사실을 몰랐던 우리는 카미코오치로 들어가는 터널 앞에서 영문도 모르는 채 차를 돌려야 했다. 다른 방향으로 나있는 터널을 통과하자 히라유라는 마을이 나왔다. 유카타를 입고 돌아다니는 사람들과 코를 찌르는 유황 냄새가 그 곳이 온천 마을이라는 사실을 알려주고 있었다. 다행히도 무작정 들어간 온천장에서 카미코오치에 관한 정보-다음날 버스를 타고 들어가야 한다는-와 함께 덤으로 캠핑장 위치까지 알게 되었다. 그렇게 해서 우리는 목표로 했던 곳까지 가는 데는 실패했지만 캠핑으로 하루를 마무리하는 데는 성공할 수 있었다.

신기했던 건 하루 종일 퍼붓던 비가 텐트를 치고 저녁식사를 하는 두어 시간 동안만 딱 그쳤다는 것이다. 그것은 정말 마술 같은 일이었다. 엄청나게 퍼부은 비로 바닥은 물론 모든 게 젖어 있었고 텐트와 다른 장비들의 상태마저도 좋지 않았지만 그래도 기분만큼은 날아갈 것 같았다. 초보 캠퍼로서 장비대가 쏟아지는 최악의 날씨와 그에 따른 심리적 무기력을 극복하고 끝내 카미코오치까지 와서 텐트를 쳤다는 데 대해 스스로에게 무척이나 대견한 마음이 들었다. 이제 어떤 상황에서도 심리적으로 쉽게 위축되지 않을 수 있을 것 같다는 자신감도 들었다. 그렇게 우리는 하루하루 예기치 않은 상황에 부딪히고 또 그것을 극복하는 과정을 통해 조금씩 자신감을 쌓아가고 있었다.

텐트에 들어가자마자 또다시 비가 쏟아졌다. 절묘하게 비는 피했지만 텐트 안에는 또 다른 문제가 우리를 기다리고 있었다. 천정에서는 비가 뚝뚝 떨어지고 있었고 바닥도 축축하게 젖어 있었다. 옐로우님과 나는 동시에 한숨을 푹 쉬고는 아무 말 없이 침낭 안으로 기어들어 갔다. 정말이지 너무 지치고 피곤해서 아무것도 신경 쓰고 싶지 않았다. 당장 지구가 멸망한다고 해도 일단 잠부터 자고 봐야하는 상황이었다. 정말이지 걱정도 기운과 여유가 있을 때나 하는 것이다. 진짜 어렵고 힘들 때는 생존 외의 문제들은 모두 사치가 된다. 어쩌면 그렇게 생존에 몰입하게 만드는 상황과 걱정 근심으로부터 자유로워지는 경험이 우리로 하여금 캠핑여행에 빠져들게 하는 것인지도 모른다.

5.

밤늦게 새로운 장소에 도착해서 캠핑을 하는 건 생각보다 무모한 일일 수 있다. 주변 환경도 제대로 파악하지 못한 채 밤을 보낸다는 의미이기 때문이다. 아늑해 보여서 텐트를 치고 잤는데 아침에 일어나보니 공동묘지 바로 옆이더라는 한 지인의 경험담은 어둠 속에서 맛있게 마셨던 물이 알고 보니 해골에 고여 있던 물이더라는 원효대사의 이야기를 떠올리게 한다. 아침에 텐트 바깥으로 나온 옐로우님과 나는 어안이 벙벙해졌다. 우리를 둘러싼 숲이 온통 단풍으로 붉게 물들어 있었기 때문이다. 전날까지 단풍이 든 나무를 한 번도 본 적이 없었는데 하루 만에 완벽한 가을 풍경으로 바뀌어버린 것이었다. 갑자기 고도가 높아지고 산악지대의 중심으로 들어오면서 벌어진 변화였다.

내가 단풍과 사랑에 빠진 지는 오래되지 않았다. 어느 날 갑자기 단풍의 아름다움에 눈을 뜨게 된 것이다. 다행이라면 다행이다. 안 그랬으면 가을마다 엉덩이를 가만두지 못하고 산과 들로 싸돌아 다녔을 테니. 그랬다면 일은 언제 하고 결혼은 또 어떻게 했을까. 이제 가을은 내게 연중 가장 바쁜 계절이 되었다. 높고 청명한 하늘, 제철을 맞은 수많은 먹을거리들, 활활 타오르면서 생의 마지막 불꽃을 태우는 단풍… 그런 아름다움과 즐거움을 어떻게 외면할 수 있단 말인가! 이번 캠핑여행의 시기를 가을로 잡은 것도 그런 이유에서였다. 캠핑여행에 있어 가을보다 더 좋은 계절은 있을 수 없다는 게 내 생각이었고 우리 앞에 펼쳐진 북알프스의 단풍이 그것을 증명하고 있었다.

드디어 카미코오치에 들어갈 시간이었다. 주차장에 차를 세워놓고 카미코오치 행 버스를 탔다. 전날 밤에 제지당했었던 터널 속으로 버스가 들어가는 순간 내 가슴은 쿵쾅거렸다. 아직 그 곳에 대해 아무 것도 모르는 상황에서도 나는 그곳과 사랑에 빠지게 될 운명을 직감적으로 느끼고 있었다. 터널은 이게 길이 맞나 싶을 정도로 좁고 어두웠는데 그것에 익숙해질 무렵 갑자기 빛이 쏟아졌다. 잠시 후 눈을 떠보니 내 앞에는 놀라운 세계가 펼쳐져 있었다. 손을 뻗히면 닿을 것처럼 가깝게 다가와 있는 북알프스의 영봉들, 선명한 야광색으로 물들어 있는 삼나무 숲, 괴물이 튀어나와도 이상하지 않을 것 같은 기묘한 분위기의 습지… 밖에서는 전혀 상상할 수 없었던 신비의 세계였다.

이쯤해서 북알프스와 카미코오치에 대한 설명이 필요할 것 같다. 북알프스는 일본 본토의 중앙, 나고야에서 북쪽으로 위치한 츄우부 산악 국립공원의 험한 산봉우리들과 인근의 산악 지역을 총괄해서 일컫는 지명이다. 지역적으로는 나가노, 도야마, 기후 등 혼슈 중앙의 3개 현을 포함하고 있다. 일본의 10대 명산 중 7개가 이 지역에 몰려있으며 그 중 최고봉인 호다카다케(3,190m)는 일본에서 세 번째로 높은 봉우리이다. 명실 공히 일본 최고의 자연으로 손꼽힐 만하다. '북알프스'라는 별명은 이 지역을 처음 발견했던 서구 탐험가들이 유럽의 알프스와 비숫하다고 소감을 밝힌 데에서 유래되었다. 후지 산과 인근 산악지역은 이 지역과 따로 구별하여 '남알프스'라고 부르기도 한다.

북알프스의 심장이라 불리는 카미코오치는 3,000m급 산들로 둘러싸인 분지인 동시에 고도가 1,500m나 되는 고원이다. 워낙 깊숙하고 은밀하게 숨어있던 탓에 19세기에 이르러서야, 그것도 일본인이 아닌 서구 탐험가에 의해 발견되었다. 험한 산을 걸어서 넘어가는 수밖에 없었던 과거와는 비교할 수 없겠지만 접근성은 여전히 불편하다. 카미코오치로 통하는 터널이 딱 하나인데다가 좁고 위험해서 일반 차량은 못 들어가고 전용버스만 다니게 한다. 그나마도 11월부터 4월까지는 아예 문을 닫아버린다. 눈이 너무 많이 내려 통제가 불가능하기 때문이다. 이렇게 북알프스의 자연이 꽁꽁 싸매면서 보호했던 덕분에 카미코오치는 태고적 자연의 아름다움을 그대로 간직할 수 있었다.

카미코오치는 자연을 사랑하는 사람들의 천국이다. 등산 경험이 많은 사람들은 3,000m가 넘는 봉우리들을 넘나드는 고난도의 하이킹에 도전할 수 있으며 매일 다른 코스로 등산을 즐길 수 있다. 뿐만 아니라 평소 운동과 담을 쌓고 지내는 사람들이 무리 없이 즐길 수 있는 평지 트레킹 코스도 다양하게 준비되어 있다. 비록 오토캠핑장은 아니지만 캠핑도 가능하다. 또한 카미코오치를 방문할 때는 꼭 아웃도어의 목적일 필요는 없다. 호텔이나 산장에 묵으면서 삼림욕과 온천으로 휴양하는 식의 접근도 가능하다. 어느 곳에서나 환상적인 전망을 감상할 수 있고 누구나 자기가 원하는 수준에서 최상의 자연을 체험할 수 있다는 것이 카미코오치가 가진 최고의 미덕이라 하겠다.

아침부터 내린 비는 시간이 갈수록 더 굵어지고 있었다. 하지만 이미 카미코오치에 흠뻑 빠져 있는 두 남자를 말릴 수는 없었다. 안내센터에서 받은 지도를 들고 걷기 시작했다. 우리가 카미코오치의 풍광에 취하는 데는 오랜 시간이 걸리지 않았다. 눈 덮인 봉오리들의 전망은 알프스나 로키 산맥을 보는 것 같았고 나무가 우거진 숲과 이끼가 많은 습지는 발리나 보르네오 섬의 열대우림을 떠올리게 했다. 스펙터클한 장면이 주는 웅장하면서 시원한 멋과 디테일이 주는 아기자기함과 신비로움, 상상하기 힘들 정도의 다양함과 풍요로움이 한 공간 안에서 높은 밀도로 응축되어 있었다. 세상에 어떻게 이런 공간이 있을 수 있단 말인가! 나는 자연의 위대함 앞에 감동과 경외감을 느꼈다.

흥분이 최고조에 이르렀던 것은 캠핑장을 발견했을 때였다. 호다카다케 산을 포함한 북알프스의 영봉들이 병풍처럼 서 있고 그 앞으로 시퍼런 강물이 굽이져 흘러 내려오는, 흡사 달력사진에서나 봄직한 전망이 있는 곳에 거짓말처럼 캠핑장이 있었다. 지붕을 씌워놓은 것처럼 하늘을 덮고 있는 삼나무 숲도 너무나 아름다웠다. 한 가지 이상한 건 텐트와 캠핑하는 사람들이 별로 보이지 않는다는 점이었다. 이유는 간단했다. 불편한 접근성 때문이었다. 북알프스로 오는 길이 워낙 험한데다가 카미코오치에는 자기 차도 갖고 들어올 수 없고 심지어 카미코오치에 들어와서도 캠핑장까지 걸어서 짐을 옮겨야 하는 힘들고 불편한 조건이 캠퍼의 수를 조절하는 장치로 작동하는 것이었다.

가슴이 쓰려왔다. 이런 곳이 있는 줄 알았었다면 미리 캠핑 준비를 하고 왔을 텐데. 아쉬움 때문인지 발걸음이 쉽게 떨어지지 않았다. 서

성거리던 우리의 발길이 멈춘 곳은 어느 텐트 앞이었다. 주변 환경과 구분할 수 없을 정도로 조화를 잘 이루고 있는 모습도 그렇고 손때 묻은 장비 하나하나에서 강력한 포스가 느껴지는 텐트였다. 인기척이 느껴져 뒤를 돌아보니 흰 머리에 뿔테 안경을 쓴, 딱 켄터키 프라이드치킨(KFC) 할아버지 같은 인상을 한 노인 한 분이 서 있었다. 손에는 방금 설거지를 끝낸 코펠과 식기를 들고. 미안하다는 나의 사과에 그는 아무 일도 아니라는 듯 어깨를 살짝 올리며 인자한 미소를 지어보였다. 나는 첫 취재 나온 신입 기자처럼 다짜고짜 질문을 퍼부었다.

"죄송해요. 분위기가 너무 멋있어 보여서요."

"뭘요. 작고 허름한 텐트일 뿐인데요."

"꽤 오래 계신 것처럼 보여요. 여기서 얼마나 캠핑을 하시는 거예요?"

"한 달 동안요."

"헉!"

"^^"

"왜 그렇게 오래 계시는 거예요?"

"카미코오치의 가을을 좋아해서요. 충분한 시간을 갖고 하루하루 달라지는 자연의 모습을 지켜보고 싶은 거예요."

"가족은 없으세요?"

"아뇨. 있어요. 와이프는 집에 있어요. 전화로 자주 연락을 합니다."

"음식 재료는 어떻게 조달하세요?"(카미코오치에는 슈퍼마켓이 없다.)

"와이프가 소포로 보내줍니다."

"실례지만 나이는 어떻게 되세요?"

"62세입니다."

"직업은 없으세요?"

"은퇴했어요. 무역 회사를 운영하다가 후배에게 넘겨 주었어요."

"캠핑하신 지는 오래 되셨어요?"

"아뇨. 한 5년쯤 되었나."

"이런 장기 캠핑을 자주 하세요?"

"캠핑을 시작한 후로 매년 하고 있어요."

"혼자서 외롭거나 지겹지 않으세요?"

"아뇨. 전혀요. 이런 멋진 자연 속에서 어떻게 지루할 수 있겠어요. 정 심심하면 캠핑장에 있는 친구들과 어울려요. 모닥불을 피워놓고 함께 파티를 즐기죠."

"음식은 무엇을 주로 드세요?"

"다양해요. 제가 요리를 꽤 잘하거든요. 보세요. 오늘은 스파게티예요."

켄터키 할아버지는 스파게티 면이 수북이 담긴 팬을 우리에게 보여 주었다. 그리고 텐트 앞에 있는 작은 의자에 앉아서 그의 나이만큼이나 오래돼 보이는 버너에 펌프질을 하기 시작했다. 몇 초 후 "슈욱"하는 소리와 함께 버너에는 파란 불이 올라왔다. 나는 그에게서 한 순간도 눈을 뗄 수가 없었다. 모든 것이 너무나 자연스럽고 아름답게 보였기 때문이었다. 그의 텐트가 그렇듯이 그의 존재 역시 주변 환경과 완벽하게 조화를 이루고 있었다. 아니 그가 있음으로써 비로소 완벽한 그림이 만들어지고 있었다. 노련하면서도 건강미 넘치는 그의 모습은 헤밍웨이의 〈노인과 바다〉에 나오는 늙은 어부를 연상케 했다. 그것은 대자연 앞에서 겸손하면서도 당당한 한 인간의 모습이었다.

만남은 그것으로 끝났다. 옐로우님과 나는 원래의 길로, 켄터키 할아버지는 자신의 일상으로 돌아갔다. 마치 아무 일도 없었던 것처럼. 하지만 내 마음은 여전히 그곳을 맴돌고 있었다. 아니 시간이 지날수록 점점 더 그곳에 빨려 들어가고 있었다. 지진이 쓰나미를 일으키고 해안을 덮치는 것처럼 내 마음 깊은 곳을 강타한 충격은 거대한 파동이 되어 의식세계를 흔들고 있었다. 내 머릿속을 떠나지 않는 질문은 두 가지였다. 하나는 장기 캠핑을 하는 이유가 무엇일까에 대한 거였고 다른 하나는 어떻게 그런 장기 캠핑이 가능할 수 있을까라는 것이었다. 결국 그것은 켄터키 할아버지의 여행 철학과 자신이 상상한 여행을 가능하게 만드는 삶의 철학에 대한 궁금증과 질문이었다.

해답으로 가는 열쇠는 그와 나와의 차이점을 아는 데 있었다. 내가 도달한 결론은 속해 있는 시공간이 다르다는 것이었다. 내가 부산하게 움직이면서 평면상의 영토를 넓히려고 애쓰는 동안 그는 한 자리에서 충분한 시간을 갖고 깊이 있는 공간을 만들고 있었다. 나의 움직임이 2차원적이라면 그의 것은 3차원적이었다. 그것은 차원이 다른 움직임이었다. 결국 그는 나보다 훨씬 더 빠르게 움직이고 있었다. 단지 느리게, 움직임이 없는 것처럼 보일 뿐이었다. 그것은 암벽을 수직으로 오르는 사람이 평지를 걸어가는 사람보다 느리게 움직이는 것처럼 보이는 현상과 비슷한 이치였다. '가을의 카미코오치'라는 완벽한 시공간 속에서 자신의 세계를 입체적으로 넓혀가고 있었던 것이다.

이런 식의 비교도 가능했다. 내가 관광객이라면 그는 현지인이다. 몇 시간 휙 둘러보고 떠나버리는 나와 달리 그는 애정과 책임감을 갖고 그곳에서 살고 있다. 또한 내가 노예라면 그는 주인이다. 나처럼 시간이 부족한 사람은 비가 내리는 궂은 날씨를 원망할 수밖에 없지만 KFC 할아버지처럼 오래 머무는 사람은 평소보다 생명력 넘치고 풍요로운 자연을 감상할 수 있는 좋은 기회로 받아들이게 되는 것이다. 즉 내가 완벽한 조건이 갖추어져야만 행복해질 수 있는 존재인 반면 그는 어떤 조건에서도 행복해질 수 있는 존재이다. 그것은 결국 시간이 만드는 존재 양식의 차이였다. 그렇다. 우리는 같은 시간, 같은 장소에 있었지만 전혀 다른 방식으로 존재하고 있었던 것이다.

그런 사유는 나를 이런 질문으로 이끌었다. 혹시 나는 내 삶에서조차 관광객으로서, 시간과 공간의 노예로서 존재하고 있는 건 아닌가? 스스로의 삶을 더 아름답고 깊이 있게 만드는 일 대신 헛된 욕망이나 쾌락을 쫓으면서 공허한 움직임을 반복하고 있는 건 아닌가? 내게 주어진 삶의 기회를 즐기지 못하고 하루살이처럼 찰나를 살고 있는 것은 아닌가? 아니라고 부정하고 싶었다. 하지만 그럴 수가 없었다. 다람쥐 쳇바퀴 같이 바쁘게 돌아가는 나의 생활은 어떤 면에서도 깊이를 가질 수 없는 구조였다. 구경하고 사진 찍느라 바쁜 관광객들이 여행의 참 의미를 파악하기 힘든 것처럼 나도 일에 매몰되어 내 삶이 어디로 흘러가고 있는지도 모른 채 그저 하루하루를 소비하고 있었다.

나머지 구간을 어떻게 돌았는지는 잘 기억이 나질 않는다. 무의식적으로 내 앞에 놓인 길을 따라 걷고 또 걸었던 것 같다. 옐로우님이 옆에서 말하는 소리도, 눈앞에 펼쳐지는 풍경도 제대로 들어오지 않았다.

유일하게 생생한 기억은 어깨에 부딪히던 빗방울 소리와 거친 숨소리뿐이었다. 정신이 반쯤은 나가 있었던 것 같다. 겨우 정신을 차린 건 카미코오치를 빠져나가는 버스에 앉은 후의 일이었다. 강물처럼 흘러가는 창밖의 풍경을 바라보며 나는 이렇게 중얼거렸다. 돌아오자. 저 할아버지처럼 깊이 있는 삶을 사는 사람이 되어, 내 삶의 주인이 되어 이곳에 다시 돌아오자. 그런 결심을 한 사람이 앞으로 걷게 될 길을 보여주려는 듯이 버스는 어둡고 습한 터널로 빨려 들어갔다.

6.

그날 오후 우리는 호치키스님과 그 가족을 만나 캠핑을 함께 하기로 약속이 되어있었다. 그 약속이 아니었다면 아마도 우리는 장비를 챙겨서 바로 카미코오치로 돌아갔었을 것이다. 아쉬움은 그 정도로 컸다. 호치키스님을 알게 된 것은 내가 운영하는 아쿠아 사이트를 통해서였다. 그는 활동이 거의 없다가 내가 올린 일본 캠핑여행 계획의 글에 댓글을 달면서 자신의 모습을 드러내기 시작했다. 알고 보니 일본에 거주하면서 자주 캠핑을 다니고 있는 사람이었다. 옐로우님과 나는 천군만마를 얻은 듯 했다. 정보를 얻기도 어려운 판에 일본에서 직접 캠핑을 하고 있는 사람이라니! 그런 그가 우리를 만나기 위해 5시간이나 걸리는 쿄토에서부터 장대비를 뚫고 달려오고 있는 것이다.

호치키스님과 만나기로 한 캠핑장은 히라유와 가까웠다. 산과 강을 접하고 있는 훌륭한 환경에, 노천 온천까지 갖추고 있는 럭셔리 캠핑장이었다. 연이틀 관리인마저 없는 텅 빈 캠핑장 신세를 지다가 처음으로 제대로 운영되는 캠핑장에 들어서게 되니 기분이 색달랐다. 시골에서 갓 상경한 사람들처럼 캠핑장의 이곳저곳을 둘러보며 신기해 하고 있던 차에 호치키스님 가족이 도착했다. 아쿠아를 10년 가까이 운영하면서 다양한 장소에서 꽤 많은 회원들을 만났었지만 외국의 캠핑장에서의 만남은 그게 처음이었다. 더 놀라운 건 첫 만남인데도 불구하고 오래 전부터 알고 지낸 사람처럼 더없이 친근하게 느껴졌다는 것이었다. 여행과 캠핑이 만들어주는 깊은 공감대 덕분이었다.

저녁 메뉴는 샤브샤브였다. 육수에서 소고기와 각종 야채를 한도 끝도 없이 건져 먹다가 우동으로 마지막을 장식했다. 옐로우님과 나는 인간 진공청소기로 변신하여 모든 음식을 빨아들였다. 그 사이 호치키스님에 대해 많은 것을 알게 되었다. 호치키스님은 회사 일로 일본에서 파견 생활을 하던 중 좀 더 의미 있는 시간을 보내기 위해 캠핑을 시작했다. 처음에는 근교로 떠나는 가벼운 주말 캠핑 정도였지만 캠핑과 일본의 자연에 점점 빠져들면서 급기야는 가족과 함께 한 달간 일본 전역을 도는 캠핑여행까지 하게 되었단다. 한국도 아닌 일본에서, 그것도 동호회의 도움이나 함께 하는 친구 하나 없이 혼자서 캠핑을 시작하고 또 그것을 계속 발전시켜 나간 과정이 정말 대단해보였다.

그날 밤 그는 수능시험을 하루 앞둔 입시생을 가르치는 족집게 과외 선생처럼 우리에게 꼭 필요한 것들을 알려주었다. 그 중 가장 결정적인 것은 페리에 관한 두 가지 정보였다. 하나는 홋카이도에서 돌아올 때 페리를 이용하라는 거였다. 비용을 상당히 절약할 수 있고 여행도 훨씬 더 편해진다는 이야기였다. 그동안 왔다 갔다 하던 동선이 확정되는 순간이었다. 다른 하나는 한국에서 일본으로 자동차를 들여올 수 있다는 것으로, 그렇게 하면 렌터카에 드는 경비를 아낄 수 있고 장비와 짐도 여유 있게 가지고 다닐 수 있어서 좋다는 것이었다. 장기간 일본을 캠핑여행하기에 그보다 더 훌륭한 조건은 없을 듯 했다. 내 머릿속에 새로운 여행의 씨앗이 만들어진 것도 바로 그 때였다.

눈을 떠보니 텐트 안이 빛으로 가득했다. 밖에서 들려오는 새들의 울음소리도 평소보다 밝고 명랑했다. 기대감에 뛰쳐나가 보니 눈부신 햇살이 세상을 환하게 비추고 있었고 맑고 투명한 공기 사이로 모든 생명들이 제 색깔을 내며 반짝거리고 있었다. 사흘만에 만나는 화창한 날씨였다. 주변을 둘러보니 호치키스님은 아이들과 산책을 하고 있었고 옐로우님은 비에 젖은 장비들을 잔디밭에 널어놓은 채 의자에 앉아 일광욕을 즐기고 있었다. 그런 모습을 보며 나는 예전에 한 사진작가로부터 들었던 이야기를 떠올렸다. 아름다운 자연을 포착하기 위해서는 한창 폭풍우가 칠 때 카메라를 챙겨 나가야 한다는. 며칠간의 고생을 보상받고도 남을 듯한 충만함을 느끼게 만드는 아침이었다.

호치키스님은 날이 너무 좋다며 케이블카를 타러 가자고 제안했다. 가까운 곳에 북알프스 전망대가 있다는 것이었다. 안 그래도 엉덩이가 들썩이던 차였기에 망설일 게 없었다. 그런데 가는 길부터 예술이었다. 안 갔으면 어떻게 했을까 싶은 생각이 들 정도였다. 앞에서는 푸른 하늘과 눈 덮인 봉오리들이 어서 오라고 손짓하고 있었고 옆에서는 시원하게 흐르는 계곡이 길을 안내해주고 있었다. 때마침 최고조에 이른 단풍으로 가을 축제의 분위기는 절정으로 치닫고 있었다. 우리는 아름다운 경치에 취하고 상쾌한 바람과 소리에 취해 거의 정신을 잃을 지경이었다. 케이블카 타는 곳에 도착해보니 사람이 꽤 많았다. 주말을 이용해서 북알프스의 단풍을 구경하러 온 사람들이었다.

케이블카가 땅을 박차고 하늘로 오르는 순간 우리는 일제히 탄성을 내질렀다. 수많은 산봉우리들과 단풍으로 붉게 물든 숲이 끝없이 펼쳐지고 있었다. 가슴 속까지 후련해지는 멋진 전망이었다. 전날 분지에서 높은 산들을 올려보다가 다음날 반대로 높은 곳에서 북알프스의 전체적인 모습을 조망하게 돼서인지 감동이 더 컸다. 잠시 후 우리가 도착한 곳은 2,156m의 전망대였다. 그 곳에서 우리는 거칠 것 없이 사방으로 뻗어있는 전망과 따뜻한 햇살과 시원한 바람이 어우러지는 환상적인 날씨를 마음껏 즐겼다. 며칠간 궂은 날씨와 여러 가지 예기치 않은 상황 때문에 받았던 스트레스와 피곤이 한 방에 다 날아가는 듯했다. 우리 모두의 얼굴에서는 웃음이 떠날 새가 없었다.

이제는 호치키스님 가족과 작별해야 할 시간이었다. 호치키스님은 하루 더 있다 가라며 잡았지만 함께 있다가는 계속 신세만 지게 될 것 같고 일정도 너무 빠듯해질 것 같아서 길을 떠나기로 했다. 북알프스에서 이루어진 호치키스님과의 조우는 우리로선 정말 그 가치를 헤아릴 수 없는 소중한 만남이었다. 당장 그 여행에 필요한 정보를 얻었을 뿐 아니라 캠핑 전반에 걸쳐 많은 것을 배울 수 있었다. 캠핑을 진심으로 사랑하고 계속 진화해가는 호치키스님을 보면서 캠퍼로서 앞으로 걸어가야 할 길에 대해서 진지하게 생각해보는 계기가 되었다. 그런데 호치 키스님의 갑작스런 출연은 아무리 생각해도 신기하다. 옐로우님과 나를 불쌍히 여기사 하늘이 급파한 천사가 아니었을까?

우리는 타카야마로 향했다. 타카야마는 산간지역에 위치한 소도시로 북알프스의 서쪽 관문으로 불린다. 시간이 늦어서 시내구경은 다음날로 미루고 관광 안내소에서 얻은 지도를 들고 인근에 있는 캠핑장을 찾아갔다. 입구가 썰렁해서 혹시나 싶었는데 역시나 텅 비어 있었다. 시설도 거의 없어서 야생의 산 속에 들어와 있는 듯 했다. 재미있는 건 옐로우님과 내 반응이었다. 전에 비슷한 상황에서 가졌던 불안함은 온데 간 데 없고 그런 환경이 오히려 반갑게 느껴지는 것이었다. 불현듯 전날 럭셔리 캠핑장에서 들었던 허전한 기분의 정체를 깨닫게 되었다. 그것은 자연으로 돌아가고픈 욕망이었다. 어느새 우리는 편안한 캠핑장보다는 야생에 가까운 자연을 선호하고 있었던 것이다.

다음날 아침 우리는 서둘러 타카야마 시내로 향했다. 타카야마의 유명한 아침 시장을 둘러보기 위해서였다. 이른 시간이었지만 시장은 이미 많은 사람들로 붐비고 있었다. 시장 자체도 아기자기하고 재미있었지만 더 인상적이었던 것은 시장을 둘러싸고 있는 환경이었다. 시장 옆으로는 제법 큰 강이 흐르고 있었는데 먹이가 많아서인지, 아니면 목을 축이려고 모여든 건지 새들이 정말 많았다. 덕분에 시장에는 시원한 물소리와 새들이 지저귀는 노래 소리가 끊이지 않았다. 눈만 감으면 깊은 산 속의 어느 계곡에 있는 것처럼 느껴질 정도였다. 강에서 흘러나오는 건강한 기운은 시장에 활력을 불어넣고 있었다. 물건을 파는 사람이나 사는 사람 모두의 표정에서 생동감이 느껴졌다.

옐로우님과 나는 시장 한가운데 위치한 길거리 커피숍에 자리를 잡았다. 거리와 아무런 경계 없이 작은 의자 몇 개만 놓고 영업을 하는, 정말 시골 시장에서나 있을 법한 정겨운 분위기의 커피숍이었다. 그곳에 앉아서 커피를 홀짝거리며 시장을 구경하고 있는데 갑자기 가슴이 벅차오르더니 뜬금없이 눈물이 흘러내렸다. 나중에 든 생각이지만, 아무도 없는 산 속에서 밤을 보낸 후에 갑자기 사람들로 북적거리는 시장 한복판에 있게 되는 극과 극의 환경을 연이어 경험하면서 순간적으로 감정이 풍부해졌던 것 같다. 목욕탕에서 냉탕과 온탕을 번갈아 이용할 때 감각이 예민해지는 것처럼 말이다. 평상시 같았으면 그냥 지나쳤을 일상의 장면들이 왜 그렇게 아름답게 느껴지던지.

멋스러운 목조 건물들이 보존되어 있는 쌈마찌 거리를 돌아본 후 다음 목적지인 시라카와로 향했다. 시라카와는 짚단으로 만든 삼각형 지붕의 전통가옥이 유명한 마을로 세계문화유산에도 등록되어 있는 곳이다. 가운데가 뾰족하게 위로 솟아오른 시라카와의 삼각형 지붕에는 '갓쇼오즈쿠리'라는 이름이 붙여져 있는데 번역하면 '합장'이라는 뜻이다. 합장할 때 손을 모으는 모양이라는 것이다. 시라카와에 이런 지붕 문화가 발달한 이유는 겨울철 이 지역에 내리는 엄청난 적설량 때문이다. 지붕의 각도를 높여서 눈이 두텁게 쌓이지 않게 만들고, 눈의 무게 때문에 지붕이 내려앉는 일도 방지해왔던 것이다. 모진 환경을 극복하려는 노력이 독특한 전통과 문화로 승화된 경우라 하겠다.

빨간 해가 마을 너머 지평선 아래로 숨어버리고 지구 반대편에서 시커먼 어둠이 몰려오고 있을 무렵, 옐로우님과 나는 시라카와가 한 눈에 내려다보이는 전망대에서 다소 심각한 표정으로 다음 스케줄에 대해 이야기를 나누고 있었다. 북알프스 일정을 마치고 홋카이도 쪽으로 움직여야 할 때였기 때문이었다. 그보다 더 급한 고민도 있었는데 당장 그날 밤을 어디에서 어떻게 보낼 것인가에 관한 문제였다. 갑자기 머리가 찌근거렸다. 이것저것 생각할 게 많아진 탓이었다. "옐로우님. 우리 그냥 아무 생각하지 말고 고속도로로 가는 데까지 달려볼래요?" 옐로우님은 한동안 눈을 동그랗게 뜨고 놀란 표정으로 나를 바라보더니 액셀러레이터를 힘차게 밟는 것으로 찬성의 의사를 밝혔다.

그동안 아침에 일어나 예상치 못했던 주변 풍경 때문에 깜짝 놀라는 일은 종종 있었지만 그래도 그날만큼은 아니었다. 눈을 떠보니 차 안이었다. 옆에는 옐로우님이 코를 골면서 잠을 자고 있었다. 시계를 보니 새벽 6시. 주변을 둘러보니 고속도로 휴게소 주차장이었다. 어찌된 일인가 싶어서 전날 밤 기억을 차근차근 더듬어보았다. 가장 먼저 떠오른 기억은 밤 9시 쯤 옐로우님이 좀 쉬었다 가자며 휴게소에 차를 세웠던 장면이었다. 그리고 마지막 기억은 기왕 쉴 거면 확실히 쉬자면서 의자를 침대처럼 길게 뉘여놓고 누웠던 장면이었다. 그제서야 모든 게 분명해졌다. 그러니까 우리는 밤 9시부터 아침 6시까지 9시간 동안, 화장실 한 번 가지 않은 채 완벽한 숙면을 취했던 것이다.

우리가 타고 다니는 렌터카는 레저용 차량으로 앞좌석을 뒤로 눕히면 편평한 침대가 만들어지는 구조였다. 거기에 앞좌석의 머리 받침대를 잡아당겨 베개까지 만들어놓으면 꽤나 안락한 잠자리가 완성되는 것이었다. 그럼에도 불구하고 우리는 차에서 잠을 잘 생각을 해본 적이 없었다. 둘 다 그런 경험이 없었고, 우리가 그런 상황에 놓이게 될 지도 몰랐던 것이다. 그런 사람들이 전혀 예기치 않게 차에서 밤을 보내고 아침에 깨어났으니 얼마나 황당했겠는가. 옐로우님과 나는 한 편의 시트콤 같은 상황 앞에서 배꼽을 잡고 웃었다. 하지만 그것은 앞으로의 여행에 있어서 중요한 의미를 갖는 경험이었다. 즉 자동차를 텐트 대용으로 사용할 수 있다는 사실을 깨닫게 된 것이었다.

그렇게 휴게소에서 밤을 보낸 후 우리는 한결 가뿐해진 몸과 마음으로 다시 고속도로를 탔다. 오전 내내 달리다가 점심을 먹고 휴식도 취할 겸 해서 마쓰시마에 들렸다. 마쓰시마는 센다이 옆에 위치한 소도시로 복잡한 해안선 주변에 섬이 많아 바다경치가 수려하기로 유명하다. 일본의 한려수도라고 하면 쉽게 이해가 갈 것이다. 우리는 마쓰시마에서 차로 10분 거리에 있는 시오가마 어시장을 찾아갔다. 시오가마 어시장은 일본 최대의 참치 시장으로 손꼽히는 곳으로 새벽녘이나 이른 아침 시간에는 참치를 해체하는 작업을 볼 수 있다고 한다. 시간대가 맞지 않아서 그런 구경은 못했지만 그래도 기름기 가득한 참치 뱃살과 신선한 연어알로 배를 채우는 행운은 누릴 수 있었다.

다시 고속도로를 달렸다. 전날 북알프스를 출발해 꽤 오랜 시간을 달려왔지만 혼슈 북동쪽 끝에 위치한 아오모리까지는 아직도 400km라는 거리가 남아 있었다. 일본이 얼마나 크고 길쭉하게 생겼는지를 몸소 체험할 수 있는 기회였다. 다행히 우리는 둘 다 드라이브를 좋아하는 편이라서 그렇게 지루하지 않게 차에서 시간을 보낼 수 있었다. 페리를 타기 전에 마지막으로 들른 곳은 모리오카였다. '일본 동북부에서 커피 마시기 좋은 도시'라는 가이드북의 설명대로 꽤나 여유롭고 낭만적인 느낌이 드는 도시였다. 우리는 에도 시대의 성벽이 남아 있어서 분위기가 근사한 이와테 공원과 클래식한 커피숍이 많은 나카쓰카와 강변을 산책하면서 오랜만에 도시의 정취를 즐겼다.

아오모리의 페리 터미널에 도착한 것은 밤 8시 경이었다. 혼슈 중앙에 있는 북알프스에서 동쪽 끝에 위치한 아오모리까지 이동하는데 꼭 하루가 걸린 것이다. 페리를 타는 절차는 간단했다. 사무소에서 돈을 지불한 후 차량 안에서 대기하고 있다가 차례가 되면 직접 운전해서 배로 들어가면 되었다. 옐로우님과 나는 선실에 들어서자마자 자리에 벌러덩 누워버렸다. 장거리 운전과 며칠간의 캠핑여행으로 인한 피로가 한꺼번에 몰려왔기 때문이었다. 결국 우리는 4시간 후면 한 번도 가본 적이 없는 홋카이도에 도착하게 된다는 감상에 젖을 새도 없이 그대로 잠이 들어버렸다. 지친 여행자들을 태운 페리는 무심한 고동 소리와 함께 칠흑같이 어두운 밤바다를 향해 나아갈 뿐이었다.

7.

우리가 페리를 타고 홋카이도를 향하던 때는 이 여행이 딱 절반을 지나던 시점이었다. 그것은 이 여행과 관련하여 아직 공개되지 않은 절반의 이야기가 남아 있다는 것을 의미한다. 나머지를 시작하기 전에 먼저 독자에게 양해를 구해야 할 일이 있다. 다름 아니라 이제부터는 속도를 한층 더 빠르게 가져가겠다는 것이다. 이유는 이렇다. 우리는 추운 날씨와 캠핑 장비에 대한 신뢰와 자신감 부족 등 여러 가지 이유로 홋카이도에서는 한 번도 제대로 된 캠핑을 하지 못했다. 그래서 결과적으로 이 책의 주제와는 사뭇 거리가 있는 여행이 되었다. 그런 이유로 나는 줄거리를 유지하는 선에서 덜 중요한 내용들을 쳐내려고 한다. 더 멀리 가기 위해서 몸을 가볍게 만들어야 할 때다.

도착을 알리는 안내방송에 깨어보니 새벽 1시였다. 어딘가 도착하기에는 꽤나 늦은 시간이었다. 옐로우님과 나는 페리에서 내리자마자 땅을 밟아보기도 하면서 기분을 내보았지만 그렇다고 그 늦은 시간에 잠잘 곳을 마련해야 하는 가혹한 현실로부터 벗어날 수는 없었다. 시내는 썰렁했다. 그동안 밤 시간에 산 속을 헤맨 적은 있었지만 새벽녘에 텅 빈 도심을 차로 배회하는 것은 처음 있는 일이었다. 그래서 더 외롭고 쓸쓸한 느낌이었다. 우리는 하코다테 산의 전망대를 찾아갔다. 일본의 3대 야경이라는 하코다테의 야경을 늦게라도 꼭 보고 싶었고 숙박할 곳을 찾는 의미도 있었다. 전망대에서의 차량 숙박은 그 시간에 우리가 생각할 수 있는 최선의 방법이었다.

꼬불꼬불한 산길을 따라 올라가니 전망대가 나왔다. 그 시간에도 환상적인 야경이 우리를 기다리고 있었다. 주변을 둘러싼 바다의 어두움으로 인해 도시의 불빛이 더욱 아름답게 빛나고 있었다. 선물은 그것만

이 아니었다. 전망대의 주차장은 차량 숙박을 하기에 더없이 이상적인 조건이었다. 시내와 멀리 떨어져 있어 조용하고 안전한 것은 물론이고 차안에 누워서도 하코다테의 야경을 감상할 수 있었다. 우리는 매트리스와 침낭으로 편안한 잠자리를 만들었다. 얼떨결에 일을 치렀던 전날 밤과는 사뭇 달랐다. 자리에 누워보니 황홀한 야경에, 텐트 못지않은 아늑한 분위기에, 뭐랄까 상당히 로맨틱한 느낌마저 드는 잠자리였다. 옆 자리에 옐로우님이 누워 있다는 사실만 빼면 말이다.

하지만 우리는 쉽게 잠들지 못했다. 배고픔 때문이었다. 생각해보니 모리오카에서 먹은 늦은 점심을 마지막으로 아무 것도 먹지 않은 상태였다. 그렇다고 그 시간에 다시 시내로 내려갈 수는 없는 노릇이었다. 어떻게 해서든 참고 견뎌야만 했다. 그런데 이번엔 옐로우님이 문제였다. 잠꼬대인지 혼잣말인지 "어휴, 배고파."라고 반복해서 읊조리는 것이었다. 그러더니 자기 말이 진심이라는 것을 증명이라고 하려는 듯이 배로 꼬르륵 소리까지 냈다. 이제 사운드는 "어휴, 배고파"와 "꼬르륵"의 합주곡 형태로 발전해버렸다. 그렇게 되자 시끄러운 건 고사하고 이제는 웃음을 참는 게 일이 되었다. 결국 내가 억지로 웃음을 참는 "큭큭" 소리까지 합쳐져 삼중주의 협연이 완성되었다.

하코다테 전망대에서 하룻밤만에 야경과 일출을 모두 본 사람은 과연 몇이나 될까? 잠에서 깨어보니 수평선 위로 해가 떠오르고 있었다. 전날 밤의 야경과는 또 다른 장관이었다. 벅찬 가슴으로 홋카이도의 첫 아침을 맞이했다. 갑자기 생각이 나서 옐로우님을 살펴보니 눈 주위가 퀭하고 얼굴도 반쪽이 되어 있었다. 이러다 사람 하나 잡겠다 싶어 바로 새벽시장으로 달려갔다. 새벽시장은 홋카이도 최대의 어시장으로 하코다테의 대표적인 관광지이기도 하다. 시장은 이미 한창이어서 손님을 잡으려는 상인들의 고함과 신선한 해산물을 사려는 사람들의 외침이 하코다테의 아침을 깨우고 있었다. 우리는 바닷가 쪽에 위치한 식당가에서 맛있는 연어구이 백반으로 주린 배를 채웠다.

다음에 들린 곳은 카네모리 창고군이었다. 카네모리 창고군은 물류 창고를 개조하여 쇼핑몰과 콘서트 홀 등으로 사용하는 공간이었다. 더 인상적이었던 것은 그 앞에 펼쳐진 마리나의 풍경이었다. 평화롭게 정박해 있는 흰색 요트들과 푸른 바다가 눈부셨다. 마지막은 하치만 언덕이 장식했다. 구 청사와 성당 등 클래식한 서구식 건물들이 많고 전망 역시 멋졌다. 나는 도시와 바다가 함께 어우러지는 풍경을 내려다보면서 '이곳처럼 낭만적이면서 자유로운 분위기를 가진 도시가 일본에 또 있을까?'라는 생각을 했다. '일본의 샌프란시스코'라는 하코다테의 별명이 마음에 와 닿는 순간이었다. 샌프란시스코에 대한 낭만적인 노래 가사처럼, 우리는 하코다테에 마음을 두고 떠났다.

오타루까지의 드라이브는 즐거웠다. 홋카이도에서 우리가 보고 경험하게 될 것들에 대한 예고편 같았다고나 할까. 거칠면서도 시원한 바다 풍경, 혼슈(일본의 본 섬)에서는 본 적이 없었던 넓고 푸른 들판, 후지 산 못지않게 웅장한 기운이 감도는 니세코 산. 홋카이도 특유의 탁 트인 시야와 멋진 경치에 가슴이 후련해지고 피곤도 날아가는 듯 했다. 오타루는 삿포로에서 1시간 거리에 위치한 소도시로 유리 공예와 오르골 등 쇼핑과 예술의 도시로 잘 알려져 있다. 시내에는 그곳이 한 때 물류 중심지였음을 알려주는 운하가 남아 있었고 그 주변으로는 창고를 개조해서 만든 레스토랑이나 상점들이 많았다. 옐로우님과 나는 로맨틱한 도시 분위기에 취해 밤늦게까지 시내를 돌아다녔다.

추운 날씨 때문에 캠핑은 포기하고 삿포로로 향했다. 사실 홋카이도에 들어온 이후 캠핑에 대한 의지는 많이 꺾인 상태였다. 겨울철 캠핑 경험이 전혀 없는데다가 캠핑장비—특히 텐트—도 신뢰할 수 없었기 때문이었다. 지쳐버린 심신의 상태도 문제였다. 일주일째 이동하면서 캠핑과 차량 숙박을 한 탓에 우리의 체력과 정신력은 바닥에 떨어져 있었다. 그동안 너무 무리를 했던 것이다. 결국 우리는 삿포로 시내에 있는 한 게스트하우스에서 묵게 되었다. 숙소를 이용하는 건 일본에 도착한 첫 날 이후 두 번째였다. 지극히 소박한 분위기에 가구도 없는 밋밋한 다다미방이었지만 언제든 마음대로 쉴 수 있고 씻을 수 있는 우리만의 공간이 있다는 것 하나만으로도 천국에 온 것 같았다.

실컷 늦잠을 잤다. 피곤하기도 했거니와 밖에서 들려오는 강한 빗소리가 서두르려는 마음을 무장해제 시켜버렸다. 게스트하우스를 나온 건 아침 10시가 넘은 시간이었다. 비도 피할 겸 삿포로 맥주 박물관부터 찾아갔다. 빨간 벽돌로 지은 근사한 건물이었다. 박물관에서 제일 좋았던 곳은 견학 코스의 마지막에 있는 바였다. 저렴한 비용으로 여러 가지 타입의 삿포로 맥주를 마실 수 있었다. 거기 앉아서 맥주를 마시고 있노라니 문득 한국에 있는 아내가 떠올랐다. 자타가 공인하는 맥주 광, 수지. 그녀가 지금 이 자리에 있었다면 얼마나 좋아했을까? 바로 그 때, 수지를 다음 일본 캠핑여행에 꼬드길 문구가 떠올랐다. "맛있는 일본 맥주를 원 없이 마실 수 있는 절호의 기회!"

점심으로 삿포로 라면을 먹고 시내구경을 다니다가 오후 3시쯤 삿포로를 떠났다. 원래는 비에이까지만 갈 계획이었는데 거의 다 와서 갑자기 5시간을 더 가야하는 아칸 국립공원으로 목적지를 바꾸었다. 일정상 그날 밤에 먼 거리를 움직이지 않으면 아칸 국립공원에 갈 수 없다는 것을 알게 되었기 때문이었다. 연이틀을 도시에서 보내면서 하루라도 빨리 대자연의 품속으로 돌아가고 싶은 마음도 있었다. 우리는 어둠과 비를 헤치고 달렸다. 사실, 너무나 즉흥적이고 위험한 선택이었지만 옐로우님과 나는 오히려 그런 상황에서 스릴과 재미를 느끼고 있었다. 밤늦게 아칸 국립공원에 도착한 우리는 오랜만에 숯불을 피워 고기까지 구워먹고 어느 조용한 주차장에서 잠을 청했다.

눈을 떠보니 차창 밖으로 생각지도 못했던 그림이 펼쳐져 있었다. 거칠 것 하나 없이 탁 트인 대지와 시리도록 푸른 색깔의 호수, 막 떠오르는 붉은 태양. 그것은 우리가 상상하고 꿈꾸었던 홋카이도의 모습이었다. 바로 그런 경치를 보기 위해 먼 길을 달려온 것이리라. 옐로우님과 나는 멋진 풍경에 한껏 고무되어 도로에 나가 드러눕기도 하고—이른 아침이라 차가 한 대도 안 다녔다.— 팔짝팔짝 뛰기도 하면서 기쁨을 만끽했다. 우리는 내친 김에 그곳에서 아침식사까지 했다. 프렌치토스트와 커피로 이루어진 간단한 아침식사였지만 그림 같은 경치와 민트 향

가득한 청량한 공기 덕분에 최고급 리조트의 조식도 부럽지 않았다. 그 여행에서 가장 큰 행복감을 느꼈던 아침이었다.

아칸 국립공원에는 굿샤로 호, 마슈 호, 아칸 호라는 3개의 호수가 있다. 서로 다른 특징과 매력을 갖고 있는 호수들과 그 주변을 둘러싼 다양한 자연 환경이야말로 아칸 국립공원의 가장 큰 자랑이다. 하지만 우리에게 더 큰 즐거움을 안겨준 것은 끝도 없이 펼쳐진 광활한 초원을 자동차로 질주하는 경험이었다. 어찌나 통쾌하고 상쾌했던지 마음속 깊은 곳에 숨어 있는 찌든 때까지 싹 다 청소하는 기분이었다. 흔히 홋카이도는 광활하게 펼쳐진 대지와 낮은 인구밀도 때문에 '일본의 캐나다'라는 별명으로 불리기도 하는데 그런 특징을 직접 체험할 수 있는 가장 좋은 방법은 홋카이도 동부를 차로 달려보는 게 아닐까 한다. 아칸 국립공원은 우리가 경험한 최고의 드라이브 코스였다.

아쉬운 마음을 뒤로 한 채 전날 가려고 했었던 비에이로 향했다. 비에이는 언덕이 파도처럼 넘실대는 듯한 독특한 지형의 농촌으로 일본 최고의 자연주의 마을로도 유명하다. 우리는 그림 같은 풍경 속에 위치한 숙소에서 2박을 했다. 여행의 마무리를 위해 준비한 달콤한 휴식이었다. 다음날 아침 우리는 그 여행에서 처음이자 마지막으로 짐을 객실에 그대로 두고, '오늘은 어디에서 어떻게 잘까?'라는 고민 없이 주변 관광에 나섰다. 그리고 전망 좋은 곳에서는 캠핑의자를 꺼내 앉아 커피를 끓여 마시기도 하면서 그 어느 때보다 여유로운 하루를 보냈다. 마무리는 치요다 언덕에서 했다. 세상을 붉게 물들이면서 사라지는 태양처럼 우리의 여행도 아름답게 저물어가고 있었다.

홋카이도에서의 마지막 날이 밝았다. 밤늦게 오타루에서 페리를 타는 일정이 우리를 기다리고 있었다. 아침 일찍 비에이를 떠나 아사히다케로 향했다. 아사히다케는 다이세츠 산기슭에 위치한 작고 조용한 온천 마을로 삿포로 역 관광청에서 일하는 직원이 적극 추천해준 곳이었다. 워낙 눈이 많이 오기로 유명한 곳이고, 전날 차로 운전 중에 함박눈을 만났던 터라 아사히다케에서 설경을 보게 될지도 모른다는 기대는 진작부터 하고 있었다. 하지만 설마 그 정도일 줄이야! 모든 건물과 도로가 하얀 눈에 덮여 있는 아사히다케의 모습은 마치 동화 속 마을을 보는 듯 했다. 심지어 한 쪽에서는 스키 선수들이 크로스컨트리를 타고 있었다. 우리는 완벽한 겨울 풍경 속에 들어와 있었다.

더 멋진 설경을 만나기 위해 다이세츠 산을 오르는 케이블카를 탔다. 케이블카는 우리를 2,290m의 산등선에 내려주었다. 우리는 장화를 빌려 신고 눈이 쌓여 있는 산길을 걸어 올라갔다. 시간이 갈수록 눈은 점점 깊어졌고 숨은 턱까지 차올랐다. 얼마나 지났을까. 무릎 위 깊이까지 빠져드는 눈 때문에 더 이상 전진할 수 없는 상태에 이르렀다. 이제는 돌아가야 할 시간이었다. 나는 눈을 감았다. 그리고 내 심장으로부터 들려오는 거친 박동소리를 들었다. 잠시 후 다시 눈을 떠보니 이상한 세계가 내 앞에 펼쳐져 있었다. 보이는 건 모두 눈뿐인데다가 하늘까지 눈 색깔의 구름으로 덮여 있어서 어떤 경계도 보이지 않았다. 마치 온 세상이 하나의 공간으로 통일되어 버린 듯 했다.

뒤를 돌아보니 옐로우님은 평소 그의 캐릭터대로 전문 산악인 같은 모습을 한 채 눈 속에서 중심을 못 잡고 뒤뚱뒤뚱거리고 있었다. 여행을 마칠 때가 가까워서인지 여느 때 같았으면 웃음을 주었을 장면이 이제는 짙은 아쉬움으로 다가왔다. 문득 그에게 고맙다는 생각이 들었다. 옐로우님은 이 여행에 관심을 가져준 유일한 사람이었다. 그가 아니었다면 이 여행은 시작조차 할 수 없었을 것이다. 마음이 잘 맞았던 것도 다행이었다. 둘 다 처음인데다가 정신적 육체적 부담도 커서 두 사람 모두에게 어렵고 힘들 수밖에 없는 스타일의 여행이었다. 서로에 대한 이해와 배려가 없었더라면 무사히 여행을 마칠 수 없었을 것이다. 옐로우님은 내가 만난 최고의 여행 파트너였다.

자정 무렵 오타루를 출발한 페리는 다음날 밤 10시가 되어서야 마이주루에 도착했다. 얼마나 긴 항해였던지 목욕을 하고, 잠을 자고, 영화를 보고, 심지어 코털까지 정리해도 여전히 시간이 남아 있었다. 마지막 밤을 보낸 곳은 나고야 공항이었다. 행여 비행기를 놓칠까봐 렌터카 사무소 앞에 차를 대놓고, 그것도 모자라 창문에 “Please, wake me up!” 라고 써 붙여놓고 잠을 잤다. 다음날 아침 우리를 깨운 것은 렌터카 회사의 여직원이었다. 그녀는 걱정스런 표정으로 창문을 두드리고 있었다. 옐로우님과 나는 마치 왕관을 쓰고 행진하는 미스 코리아나 된 것마냥 온화한 미소를 지으며 그녀에게 손을 흔들어 주었다. 그것이 내가 이야기할 수 있는 이 여행의 마지막 장면이다.

8.

여행은 변화를 만든다. 잘 다니던 직장을 그만두게 만들고 무사태평

하던 삶에 평지풍파를 일으킨다. 많은 사람들이 여행을 전후로 중대한 결심을 하고 그것을 실천에 옮긴다. 당시에는 여행과 전혀 관련이 없었던 것 같았던 변화도 시간이 흐른 후에 다시 생각해보면 어떤 특별한 여행에서 비롯된 결과였다는 것을 깨닫게 되기도 한다. 여행이 변화를 만드는 힘으로 작용하는 것은 그것이 단순한 변화의 기회일 뿐 아니라 변화의 이유와 방향을 알려주는 나침반이며 변화에 필요한 에너지를 만들어내는 발전소이기 때문이다. 변화가 절실하다고 느끼지만 어떤 방향으로 나아갈지 모를 때, 혹은 변화에 따르는 저항을 헤쳐 나갈 힘과 용기가 필요할 때 여행이 그 해답을 제시해줄 수 있다.

옐로우님과 함께 했었던 일본 캠핑여행이 그랬다. 그 여행을 통해서 만들어진 에너지는 내 삶을 예기치 않은 방향으로 이끌어갈 정도로 강력한 것이었다. 그 여행 후에 나는 기존의 관성을 벗어나 새로운 궤도로의 여행을 시작했다. 가장 직접적이고 표면적으로 드러난 변화는 캠핑과 일본에 푹 빠지게 된 것이었다. 물론 여행 전에도 좋아했었고 그래서 일본으로 캠핑여행까지 갔던 것이었지만 여행 후에는 그 강도가 비교할 수 없을 정도로 커져버렸다. 그것은 마치 서로 호감을 가지면서도 여전히 경계를 늦추지 않던 남녀가 어떤 계기를 통해 두려움 없는 사랑을 시작하게 되는 것과 비슷한 과정이었다. 나는 일체의 의심과 걱정을 벗어던진 채 캠핑과 일본이라는 바다에 몸을 던졌다.

옐로우님과 나는 주변의 친한 사람들을 설득해서 바로 동계 캠핑에 들어갔다. 한겨울의 추위를 견디기엔 장비도 경험도 부족했지만 그런 건 문제가 되지 않았다. 캠핑에 대한 열의로 몸과 마음이 뜨겁게 달아오르고 있었으니까. 캠핑 장비를 장만하는 것 역시 시간 문제였다. 나는 불행했던 과거를 물질로 보상받으려는 사람처럼 장비 구입에 열을 올렸다. 세상의 모든 캠핑 장비들을 사 모을 기세였다. 그렇게 열심히 사들인 덕분에 웬만한 단체도 수용할 수 있는 장비들을 보유하게 되었다. 캠핑에 대한 열정은 카페의 분위기마저도 바꿔어놓았다. 텐트와 키친 테이블, 바비큐 그릴 같은 장비가 카페 안으로 들어오고 또 실제로 사용되면서 아웃도어 테마 카페 같은 분위기가 연출되었다.

일본에도 한층 더 가까워졌다. 나는 운영하는 사이트를 통해서 일본 관련 기사들을 쏟아냈으며 정보를 제공하는 것만으로는 성에 안차 직접 사람들을 모집하여 일본 여행을 떠났다. 옐로우님과의 여행 후 5개월만인 2008년 3월에는 30여 명의 회원들과 함께 큐슈를 방문했다. 7대의 렌터카에 나누어 타고 직접 운전하면서 큐슈의 자연과 온천을 돌아보는 실험적인 여행이었다. 그로부터 3개월 후인 6월에는 12명의 회원들과 함께 북알프스로 캠핑여행을 떠났다. 비록 5일밖에 안 되는 짧은 일정이었지만 지난 여행에서 가장 큰 아쉬움으로 남았었던 카미코오치에서의 캠핑을 실행에 옮겼고 가까운 사람들에게 캠핑과 일본의 매력을 전파했다는 점에서 중요한 의미를 갖는 여행이었다.

이런 과정을 거치면서 나는 사뭇 다른 사람이 되어 있었다. 새로운 놀이를 찾아내서 그것을 열정적으로 즐기는 모습이었다. 일에 찌들어 살기 전의 내 모습으로 되돌아간 듯 했다. 그렇다. 나는 좋아하는 일에는 물불 가리지 않는 용기와 열정을 가진 사람이었다. 주변 사람들까지 움직이게 만드는 리더십을 가진 사람이었다. 그랬던 사람이 언제부터

인가 다람쥐 쳇바퀴 같은 삶에 빠져 헤어 나오지 못하고 있었다. 내가 아닌 다른 사람으로 살고 있었다. 어쩌다 내가 그렇게 무기력해지게 되었을까 궁금했었는데 옛날로 돌아오고 나니 그 이유를 알 것 같았다. 나는 열정을 잃어버린 게 아니었다. 단지 열정을 바칠 수 있는 대상을, 새로운 모험의 세계를 찾지 못하고 있었을 뿐이었다.

그것은 참으로 놀랍고도 생소한 이유였다. 왜냐하면 나에겐 공상 놀이에 빠져들었던 7살 이후 언제나 정신을 못 차릴 정도로 몰두하던 세계가 있었기 때문이었다. 나는 거기에 아무 것도 남은 게 없을 때까지 샅샅이 탐험하고 나서야 겨우 그곳으로부터 벗어날 수 있었다. 그리고는 숨 돌릴 틈도 없이 다른 세계에 빠져들곤 했다. 그것은 나에겐 지극히 자연스러운 흐름이었다. 모험과 탐험에 너무 심각하게 중독되어 있었던 탓에 내 삶은 늘 바람 잘 날 없었고 때로는 감당하기 어려울 정도의 큰 상처를 받기도 했지만 그것이 나라는 사람을 지탱해주고 발전시켜온 원동력이라는 것만큼은 분명했다. 나는 미지의 세계를 탐험하는 일에서 삶에 필요한 에너지를 얻는 모험가였던 것이다.

그것을 깨닫자 나는 그 때까지의 변화로 만족할 수 없었다. 왜냐하면 비록 당장은 캠핑과 일본으로부터 나오는 에너지로 활력 있는 생활을 영위하고 있지만 그런 상태가 언제까지나 계속되지는 않을 거라는 것을 너무나 잘 알고 있기 때문이었다. 언젠가 열정이 식고 에너지의 순환이 멈출 거라는 것은 너무나 분명한 사실이었다. 그래서 이번 기회에 다시는 무기력한 삶으로 돌아가는 일이 생기지 않도록 특별한 장치를 만들어놓아야겠다는 생각이 들었다. 그것도 아주 확실하고도 강력한 장치를. 나는 나에게 무엇이 필요한 지를 잘 알고 있었다. 그것은 내가 영원히 빠져들 수 있는 무한한 바다, 끝이 없는 모험의 시공간이었다. 늘 새로운 에너지가 샘솟는 화수분 같은 신세계였다.

내가 그런 가능성을 발견한 곳은, 놀랍게도, 생활과 일상이었다. 싫든 좋든 죽을 때까지 내가 만들어가야 하고 또 나를 따라다니게 되는 환경, 즉 생활과 일상이라고 불리는 시공간이야말로 끝없는 모험의 세계라는 것을 깨닫게 된 것이었다. 사실 그동안 내 삶에서 생활과 일상이 중요한 의미를 가진 적은 없었다. 공기나 물, 혹은 배경화면처럼 굳이 원하지 않아도 늘 곁에 있는 걸로 간주했었기 때문이었다. 그것은 긴 여행을 떠나기 전에 잠시 머무르는 베이스캠프일 뿐이었다. 탐험가들의 시선이 정복해야 할 목표에 집중되는 것처럼 나 역시 베이스캠프에 관심을 가질 이유가 없었다. 그런데 이제 나는 그것을 탐험의 대상으로 생각하게 되었다. 그것은 진정 혁명적인 전환이었다.

그런데 가만히 생각해보니 그렇게 놀랄 일만도 아니었다. 왜냐하면 생활과 일상은 가장 본질적이고도 중요한 세계이기 때문이었다. 피라미드로 비유하자면 전체를 받쳐주는 하층부였다. 그것이 튼튼하지 않으면 그 위에 쌓는 어떤 것도 의미를 가질 수 없는 구조였다. 모래성에 불과할 수밖에 없었다. 또한 그것은 바다의 대부분을 차지하는 심해처럼 그 넓이와 깊이조차 가늠할 수 없는, 비밀과 수수께끼로 가득한 미지의 세계였다. 인류가 우주보다 우리가 사는 지구의 심해나 핵에 대해 모르는 게 더 많은 것처럼 생활과 일상이야말로 진정한 미개척의 공간인 것이다. 한 예로 남극이나 에베레스트를 정복했다는 탐험가는 많지만 생활과 일상을 정복했다고 하는 사람은 없지 않는가!

결국 나는 생활과 일상 속을 탐험하고 그것을 개혁해나가는 모험을 시작하기로 결심했다. 하지만 그것은 사유에서 도출된 이론에 따른 결심이었을 뿐 그것이 실제적으로 무엇을 의미하는지는 알지 못했다. 그 결심으로 내 삶이 어떤 어려움에 처하게 될지는 전혀 예상하지 못했다. 그저 본능이 이끄는 대로 묵묵히 걸어갔을 뿐이었다. 만약 그것이 얼마나 힘든 일인지를 알았더라면, 그로 인해 내 삶이 그토록 거대한 소용돌이 속으로 빨려 들어가게 될지를, 나는 물론 주변 사람들의 삶까지도 괴롭고 피폐하게 만들지를 미리 알았더라면 아예 시도조차 하지 못했을 것이다. 진정한 모험이란 이렇게 앞으로 벌어질 일에 대해 깊게 고민하지 않고 나아갈 때에만 가능한 것인지도 모른다.

떠나야 하는 이유와 가야할 방향을 알게 되었을 때 여행은 더 이상 상상에 머물지 않는다. 나는 운동을 시작하는 것으로 새로운 탐험의 첫 발을 내딛었다. 막연하게나마 결코 쉽지 않은, 정말 어려운 도전이 될 거라는 사실을 예감하고 있었기에 몸부터 만들어야겠다는 결심을 했던 것이다. 하지만 시작부터 호락호락하지 않았다. 심각한 워커홀릭이었던 내가 일하는 시간을 줄이는 일은 마약중독자가 마약을 줄이는 일만큼이나 힘든 일이었다. 단지 일이 하기 싫어서 이러는 건 아닌가 하는 자책감, 이렇게 하다가는 지금까지 쌓아온 모든 것이 물거품이 될 수 있다는 불안감이 나를 공격했다. 특히 운동으로 인한 피로감으로 제대로 일을 할 수 없게 되자 스트레스는 최고조에 이르렀다.

하지만 나는 운동을 멈추지 않았다. 참고 견디었다. 그러자 변화가 시작되었다. 어느 날인가 병든 닭처럼 꾸벅꾸벅 조는 신세를 벗어나게 되더니 한결 집중력이 좋아진 것을 느낄 수 있었다. 자연스럽게 죄책감과 불안감도 사라졌다. 내가 집중한 운동은 달리기였다. 처음에는 1km도 채 못 뛰고 나자빠지던 저질체력은 꾸준한 연습을 통해 하루 10km를 달려도 말짱한 강철체력으로 바뀌었다. 자신감을 얻은 나는 내친 김에 마라톤에 도전했다. 달리기를 계속하려면 뚜렷한 목표가 필요했기 때문이었다. 결국 나는 달리기를 시작한 지 6개월만에 3시간 55분이라는 좋은 성적으로 풀코스 완주에 성공할 수 있었다. 그 사이 몸무게는 10kg이 빠져 호리호리한 몸매가 되어있었다.

더 놀라운 것은 정신력의 변화였다. 쾌락을 좇는 욕망 앞에서 맥없이 허물어지곤 했던 나약한 나는 어디론가 사라지고 대신 유혹을 뿌리칠 줄 알고 자신을 컨트롤하는 강한 내가 등장했다. 독서를 시작한 것도 그 때였다. 그 전까지 나는 책을 읽는 사람이 아니었다. 학교 다닐 때는 노느라 바빴고 사회생활을 시작한 후에는 일에 치여 책을 읽을 틈이 없었다. 간혹 손에 책이 들려있었던 적은 있었지만 그건 나도 책을 읽는다는 걸 보여주기 위한 쇼에 불과했다. 그랬던 사람이 갑자기 걸신들린 듯 인문학에 철학에 온갖 종류의 책을 파게 되었으니 보통 일이 아니었다. 급기야는 5명의 초등학생들과 함께 '그 해의 독서 왕'으로 뽑혀 동네 도서관에서 표창장을 받는 일까지 있었다.

탐험을 시작한 지 1년 쯤 되었을 때 변화에 한층 더 가속도를 붙이는 사건이 있었다. 그동안 의심 반 걱정 반으로 나를 지켜보던 아내가 운동에 합류를 선언한 것이다. 평생 운동과는 담쌓고 지냈던, 계속 그럴 것 같았던 그녀였기에 그것은 정말 깜짝 놀랄 만한 사건이었다. 아내가 함께 하면서 운동하는 습관은 더욱 탄탄해졌다. 한 사람이 게으름을 피워도 다른 사람이 가만 놔두지 않는 구조가 되었기 때문이었다. 이런 과정을 통해 나는 변화가 나 혼자만으로 끝나지 않는다는 것을 깨닫게 되었다. 원하든 원하지 않던 변화의 바이러스는 주변으로 퍼져나가게 되고 내가 아끼고 사랑하는 사람들에게 영향을 미치게 된다. 변화와 그 방향에 대해 책임감을 가져야 하는 이유가 거기에 있다.

운동으로부터 시작된 변화는 생활의 다른 부분으로 빠르게 전이되었다. 우리는 대형 마트 대신 시장을 다니기 시작했다. 일주일에 한 번 대형 마트에 가서 트렁크 한가득 물건을 채워오던 것이 3km 거리에 있는 망원 시장을 매일 걸어 다니면서 꼭 필요한 것만 사는 쇼핑으로 대체된 것이다. 그 역시 쉽게 쟁취한 습관은 아니었다. 체력적인 부담도 컸지만 더 큰 문제는 역시 시간이었다. 안 그래도 운동과 독서로 일하는 시간이 줄어든 판에 매일 걸어서 시장을 보겠다는 건 그야말로 미친 짓이나 마찬가지였다. 일을 포기하겠다고 선언하는 것이나 다름없었다. 하지만 나에게는 믿음이 있었다. 운동과 독서가 그랬던 것처럼 시장 역시 우리 삶에 건강한 변화를 가져올 거라는 것을.

시장을 다닌 후 가장 먼저 피부에 와 닿았던 변화는 아내와의 관계 개선이었다. 대화하는 시간이 늘어나면서 서로를 더 깊게 이해하게 된 덕분이었다. 사는 동네에 애정과 관심을 갖게 된 것 역시 중요한 변화였다. 10년 가까이 홍대에 살면서도 나는 스스로를 주민으로 생각해본 적이 없었다. 마음은 늘 다른 곳을 맴돌고 있었던 것이다. 하지만 시장을 다니면서 그런 태도에 변화가 찾아왔다. 시장은 지역의 삶과 문화가 자연스럽게 드러나는 공간이었다. 우리는 시장을 통해 우리가 사는 동네를 이해하고 관심을 갖게 되었다. 또한 시장은 사람과 사람이 만나는 관계의 공간이었다. 우리는 시장에서 사람들과 인사를 나누고 감정을 주고받으면서 주민으로서의 공감대를 갖게 되었다.

신용카드와 멀어지게 된 것도 시장을 다니면서 벌어진 일 중 하나였다. 현금보다 편하다는 이유로, 혹은 항공 마일리지를 모으는 재미로 그 전까지 소비는 주로 카드를 통해 하고 있었다. 하지만 카드 사용이 극히 제한적인 시장을 이용하면서 소비 패턴에도 큰 변화가 생겼다. 소비는 갖고 있는 현금의 범위 내에서 이루어지게 되었고 충동구매 대신 꼭 필요한 품목만 사게 되었다. 그러자 가계부는 투명해지고 카드 값의 공포에서도 벗어날 수 있었다. 그런 변화 속에서 나는 신용카드의 문제점을 깨닫게 되었다. 먼저 소비하게 만들고 나중에 돈을 갚는 신용카드의 시스템은 현재의 만족을 위해 미래의 가치를 미리 사용하는 의미였다. 본질적으로 거품을 만들 수밖에 없는 구조였다.

변화의 과정에서 긍정적인 일만 있었던 것은 아니다. 힘들고 괴로운 일도 정말 많았다. 가장 큰 문제는 경제적인 어려움이었다. 대부분의 시간과 에너지를 돈 안 되는 일에 투자하는 생활이 지속되면서 수익은 구멍 난 풍선처럼 급격히 쪼그라들어버렸다. 그렇게 될 것을 몰랐던 건 아니었지만 실제로 닥쳐보니 부담과 스트레스가 이만저만이 아니었다. 앞으로가 더 어려울 거라는 데 문제의 심각성이 있었다. 하지만 그것마저도 변화의 흐름을 막을 수는 없었다. 우리는 지출을 최소화하는 방법으로 어려움에 맞섰다. 그 때 나는 새로운 삶을 위해 모든 것을 포기할 준비가 되어 있었다. 삶의 기반이 와해되는 것을 알면서도 흔들리지 않고 계속 전진할 수 있었던 것도 그 때문이었다.

그렇게 해서 내 삶은 총체적인 변화를 맞게 되었다. 그것은 정신없이 바쁜 삶에서 느리고 깊이 있는 삶으로의 변화, 탐욕으로부터 절제로의 변화, 물질적인 만족에서 정신적인 만족으로의 변화, 끌려 다니는 삶에서 주체적인 삶으로의 변화, 바깥이 아닌 내면에서 행복을 찾는 삶으로의 변화였다. 그것은 정말 놀라운 변화였지만 새로울 것도 없었다. 왜냐하면 이미 오래전부터 갈구해오던 삶의 모습이었기 때문이었다. 단지 높은 현실의 벽을 핑계로 실천을 하지 못했던 것뿐이었다. 이상과 현실을 하나로 합침으로써 모순을 극복하고 일관성을 회복하는 일, 그렇게 통합된 힘으로 내 삶을 이전과는 다른 차원으로 끌어올리는 일, 그것이야말로 이 모든 변화가 향하는 궁극적인 목표였다.

1.

자유. 내 삶을 이끌어온 가치를 한 단어로 표현하라면 그것은 '자유'이다. 자유는 내 삶의 목표이자 동력이었다. 간혹 샛길로 빠지기도 했었지만 삶의 방향을 결정하는 중요한 순간에 내가 택한 건 언제나 자유로 향하는 길이었다. 그런 데에는 환경적 영향이 컸다. 나를 당신이 원하는 모양으로 빚으려 했던 아버지의 노력은 역설적으로 나에게 자유가 얼마나 소중한 가치인가를, 어떤 삶을 살아야 할지를 가르쳐주었다. 나는 할 수 있는 모든 방법을 동원하여 권력과 억압에 저항했고 투쟁을 통해 자유를 쟁취해 왔다. 그런데 비슷한 조건에서 별 저항 없이 정해진 가이드라인을 따르는 사람들이 많은 걸 보면 '자유'라는 두 글자는 선천적으로 내 DNA에 새겨져 있었던 것이 분명하다.

부모님의 반대를 무릅쓰고 여행사에 취업했던 것도, 그것마저도 1년 만에 그만두고 5년 동안이나 해외를 떠돌아다녔던 것도 자유와 독립을 쟁취하기 위해서였다. 또한 그것은 향후 내 삶의 방향을 결정짓게 될 중요한 경험들과 만나는 시기이기도 했다. 처음 1년은 푸껫에서 가이드를 하면서 모터사이클과 스쿠버다이빙을 배웠고 리조트와 휴양 문화에 눈을 떴다. 그 후 2년은 여행사 가이드로 일하면서 세계를 내 집 마당인 양 돌아다녔다. 나머지 2년은 뉴욕에서 살면서 현대문명의 최첨단 흐름을 경험했다. 나는 그렇게 지속적으로 새로운 환경에 부딪히면서 다양한 경험을 했고 어디서든 독립적으로 생존할 수 있는 삶의 기술을 배웠다. 그 시기는 나에게 있어서 진정한 의미의 학교였다.

1999년, 한국으로 돌아와 회사를 차린 것도 자유와 관련이 있었다. 당시는 일부 배낭 여행자를 제외한 대부분의 사람들은 여행사에서 기획한 단체 패키지여행에 의존하여 해외여행을 다니던 때였다. 나는 그런 획일적인 여행문화를 바꾸고 싶었다. 여행사에 모든 권리를 맡긴 채 수동적으로 따라다니는 패키지여행에서 벗어나 사람들이 주체적으로 자신의 여행을 계획하고 실천해가면서 여행의 참의미를 깨닫는 자유여행을 하게 만들고 싶었다. 그것이야말로 내가 잘 할 수 있고 또 꼭 해야 하는 일이라고 믿었다. 그래서 나는 푸껫─열대의 섬이야말로 누구나 자유여행을 할 수 있는 곳이었다─의 가이드북을 썼고 홈페이지를 만들어 정보를 모두 공개했다. 그것이 아쿠아의 시작이었다.

사이트가 인기를 끄는 데는 오랜 시간이 필요하지 않았다. 회원 수는 기하급수적으로 늘어났고 열기도 뜨거웠다. 새로운 여행문화에 대한 잠재된 욕구가 한꺼번에 터져 나왔던 것이다. 하지만 온라인 공간은 효율적인 반면 실체감이나 인간미가 부족했다. 사람간의 거리를 좁

혀주고 신뢰감을 부여해줄 현실의 공간이 많이 아쉬웠다. 결국 수지와 나는 2년 후 홍대 앞에 카페 아쿠아를 오픈했다. 그 곳은 카페이자 사무실이었고 우리가 잠을 자고 생활을 하는 집이었다. 그렇게 해서 사람들은 우리가 만든 가상세계와 현실세계의 공간에 모여 정보를 공유하고 서로 용기를 북돋우면서 새로운 자유여행 문화를 만들어가기 시작했다. 그것은 생각했던 것보다 더 보람 있고 멋진 일이었다.

더 많은 여행정보에 대한 요구가 커지면서 나는 새로운 여행지를 발굴하고 취재하는 일에 뛰어들었다. 그리고 몇 년 동안이나 거기 파묻혀 있다시피 했다. 너무 재미있어서 도저히 멈출 수가 없었기 때문이었다. 그것은 힘든 노동이 아니라, 하면 할수록 힘이 나는 놀이였다. 나는 가보고 싶었던 곳들을 여행하고 궁금한 사람들과 인터뷰를 하면서 여행자로서는 하기 힘든 폭넓고 전문적인 경험을 했다. 어느 날 눈을 떠보니 나는 이전보다 훨씬 더 자유롭게 세상을 탐험하고 있었다. 전에는 상상만 하던 꿈들을 하나씩 실현시켜가고 있었다. 다른 사람들을 자유롭게 만들어주기 위해 시작한 일이 오히려 나에게 더 큰 자유를 주고 있었던 것이다. 그것은 진정 놀라운 경험이었다.

하지만 그런 긍정적 순환이 영원히 이어지지는 않았다. 아쿠아를 오픈한지 7년 쯤 되었을 때, 나는 그 일에서 더 이상 재미나 보람을 느낄 수 없는 상태가 되어 있었다. 이유는 크게 두 가지였다. 하나는 놀이로 시작한 일이 재미없는 사업으로 변질되어 있었기 때문이었다. 한 때 나를 흥분시키고 모험심을 자극하던 일이 이제는 식상한 일상이 되어있었다. 나를 가두는 감옥으로 변해 있었다. 다른 하나는 처음에 가졌던 목표—한국에 자유여행 문화를 소개하고 만든다는—가 어느 정도 이루어졌기 때문이었다. 그 사이 자유여행 문화가 많이 정착되고, 비슷한 사이트도 많아지면서 아쿠아는 순수한 동기와 도전정신을 잃어버리게 되었고 나 역시 어설프게 사업가 흉내를 내고 있었다.

하고 싶지 않은 일을 의무감으로 버텨야 하는 상황이 얼마나 괴로웠는지를 설명하는 건 쉽지 않은 일이다. 왜냐하면 대부분의 사람들이 그런 상황 속에서 스트레스를 인내하면서 살고 있다는 것을 알고 있기 때문이다. 하지만 평생을 자유롭게, 내가 하고 싶은 일만 하고 살았던 나—자유로운 영혼!—에게 그것은 정말 참기 힘든 상황이었다. 그렇다고 모든 것을 내팽개치고 도망가버릴 수도 없었다. 그동안 벌려놓은 일들과 사이트와 카페에서 만들어진 관계 등 수많은 것들에 대한 책임이 나에게 있었기 때문이었다. 게다가 수지와 내가 청춘을 바쳐서 만든 일을 그렇게 쉽게 포기할 수도 없었다. 나는 이러지도 저러지도 못한 채 하루하루 더 깊은 좌절 속으로 빠져 들어가고 있었다.

내가 캠핑을 시작한 것은 그 무렵이었다. 자연은 내가 피신할 수 있는 유일한 장소였다. 적어도 자연 속에서만큼은 걱정과 근심을 잊고 마음의 평화를 얻을 수 있었다. 일본 캠핑여행에 매달렸던 것도 그런 이유에서였다. 물에 빠진 사람이 지푸라기라도 붙잡는 심정으로 괴로운 현실과 온갖 근심으로부터 더 멀리 도피하고 싶었던 것이다. 천만다행으로 옐로우님과의 캠핑여행을 통해 나는 가슴에 새로운 희망을 품게 되었다. 내 삶을 옭아매는 수많은 구속으로부터 벗어나는 길을 찾게 될 수도 있다는 희망, 하늘을 나는 저 새들처럼 다시 한 번 자유로워질 수 있다는 희망 말이다. 그리고 그 희망은 나로 하여금 생활과 일상을 개혁해나갈 수 있게 만드는 강력한 힘이 되어주었다.

이런 변화의 과정 속에서 나는 자유에 관한 중요한 사실 한 가지를 깨닫게 되었다. 진정한 자유인이 되려면 생활과 일상을, 그리고 내 내면을 자유롭게 만들어야 한다는 것이었다. 내가 여행을 통해 자유를 누리는 것은 분명했지만 그것은 여행하는 순간에만, 특별하게 준비된 시공간에서만 제한적으로 주어지는 자유였다. 신기루처럼 잠깐 왔다 사라져버리는, 무지개처럼 잡을 수 없는 자유였다. 여행에서 아무리 많은 자유를 경험한다 한들 그것으로 삶 전체를 자유롭게 만들 수는 없었다. 생활과 일상이 자유롭지 못한 상태에서는 완벽한 자유란 있을 수 없었다. 내면이 자유로 충만해지기 전까지는, 나 스스로 무한한 자유가 되기 전까지는 완벽한 자유란 허상에 불과한 것이었다.

돌이켜보면, 그동안 나는 자유를 찾아 밖으로만 헤매 다녔었다. 내면과 일상에서 자유를 얻는 방법을 몰랐기 때문이었다. 밖에서 얻는 자유란 화석연료와 같아서 쓰면 쓸수록 고갈된다는 사실을 몰랐던 것이다. 결국 나는 자유라는 연료를 얻기 위해 점점 더 멀고 험한 곳을 탐험할 수밖에 없었고, 그럴수록 탐험과 생활의 공간은 멀어지게 되었으며 삶의 기반 역시 불안정해졌다. 엎친 데 덮친 격으로 나는 그렇게 어렵게 채취한 자유의 에너지를 척박하고 괴로운 현실을 견디는 데 사용하고 있었다. 주체적이고 창조적인 삶으로 나아가는 데 쓰여야 할 에너지가 현상유지를 위해, 다람쥐 쳇바퀴를 돌리는 데 쓰이고 있었다. 전형적인 악순환이었다. 그것은 한계에 부딪힐 수밖에 없었다.

잘못된 것을 바로잡아야 할 때였다. 여행할 때만, 특정한 환경과 조건에 의해서만 제한적으로 자유로워지는 나로부터 생활과 일상 속에서, 내면에서 우러나오는 충만함에 의해 언제 어디서든 자유로운 나로 다시 태어나야 했다. 그리고 여행에서 얻은 자유의 에너지는 삶을 개혁하고 미래를 창조하는 일에 사용되어야 했다. 그런 결론에 이르자 내 관심은 앞으로 어떤 삶을 살 것인가의 문제에 집중되었다. 옐로우님과의 여행 이후 2년 동안 정말 많은 변화가 있었지만 아직 게임의 전반부를 마친 것에 불과했다. 이제 겨우 기존의 궤도로부터 겨우 벗어났을 뿐이었다. 새로운 삶의 궤도를 만들어야 하는 후반 작업이 나를 기다리고 있었다. 본격적으로 미래를 향해 나아가야 할 때였다.

이 시점에서 독자 여러분에게 한 번 묻고 싶다. 여러분이라면 어떻게 하겠는가? 새로운 삶의 궤도를 찾기 위해서 무엇을 할 것인가? 놀랍게도, 혹은 깜찍하게도 나는 또 한 번의 캠핑여행을 상상했다. 그것은 평생 여행에서 해답을 찾아온 사람으로서, 지난 여행을 통해 생활에 큰 변화를 가져오는 데 성공한 사람으로서 어쩌면 당연한 시도였을 것이다. 나는 여행에 해답이 있을 거라고 믿었다. 또 한 번의 여행으로 새로운 길을 찾게 될 거라고 굳게 믿었다. 여행이 꼭 그런 결과를 가져온다는 보장은 없지만 최소한 그 자리에 우두커니 앉아서 운명을 기다리는 것보다는 낫지 않은가! 그 때 나는 알게 되었다. 여행을 해야 하는 이유를 찾아내고 합리화시키는 실력은 아직 쌩쌩하다는 것을.

여행을 떠나기로 결심하면서 본격적인 고민이 시작되었다. 가장 중요한 건 누구와 함께 할 거냐의 문제였다. 답은 이미 나와 있었다. 미래를 향해 떠나는 중요한 여행에 인생의 동지 말고 과연 누구와 함께 할 것인가? 이 여행의 동반자는 아내여야만 했다. 다른 사람이 끼어들어서도 안 되고 철저히 둘만의 여행이어야 했다. 그래야 삶에 대한 진지한 고민도 하고 앞으로 부딪히게 될 어려움을 헤쳐 나갈 수 있는 동지애나 팀워크도 만들 수 있을 것이다. 우리 두 사람에게 필요한 건 자기 자신과 상대방에게 솔직해질 수 있고 깊은 대화를 나눌 수 있는 고립된 환경이었고 이번 캠핑여행이 우리에게 그것이 되어줄 터였다. 그런 의미를 알고 있었는지 수지는 이 여행을 순순히 받아들였다.

어디로 갈 것인가? 역시 고민이 필요 없는 문제였다. 다시 일본이었다. 몇 가지 이유가 있었다. 우선 아내와 함께 하는 여행이니만큼 너무 큰 모험은 피해야 했다. 안전을 최우선으로 생각해야 했다. 그런 면에서 가깝고 이미 경험이 있는 일본이야말로 여행의 최적지임이 분명했다. 게다가 일본의 자연에 관한 내 갈증은 아직 충분히 채워지지 못한 상태였다. 옐로우님과 했던 여행은 갈증을 채우기는커녕 오히려 더 큰 갈증을 만들었을 뿐이었다. 일본에 갈증을 느끼는 건 수지 역시 마찬가지였다. 갈증의 대상이 자연이 아니라 맥주라는 점이 문제였지만 아무려면 어떤가. 동방신기를 좋아하다가 카라에 빠져버린 일본인들처럼 그녀도 맥주로 시작해 자연에 빠질 수도 있지 않겠는가.

그럼 교통수단은? 이 문제도 오래 전부터 확정된 상태였다고 말할 수 있다. 지난 여행에서 호치키스님으로부터 페리에 관한 정보-한국에서 자동차를 갖고 일본에 들어갈 수 있다는-를 들은 후로 나는 줄곧 그것을 써먹을 기회를 노리고 있었다. 경비를 최소화한다는 측면에서도 그렇고 이 여행에 지난 여행과 다른 재미와 새로운 의미를 불어넣기 위해서라도 자동차를 갖고 가야 했다. 기간을 정하는 문제는 쉽지 않았다. 욕심 같아서는 일본에서 머물 수 있는 최대한의 기간인 3개월을 풀로 활용하고 싶었지만, 우리를 둘러싼 현실이 그것을 허용하지 않았다. 그래서 두 달로 기간을 정했는데 그것마저도 여의치가 않았다. 오랜 줄다리기 끝에 한 달이 조금 넘는 35일로 낙찰되었다.

그렇게 해서 큰 정리가 끝나고 이젠 세부사항으로 들어갈 차례였다. 하지만 그 전에 이번 여행에서 추구해야 하는 가치나 목표를 키워드로 정리하는 작업이 필요하다는 생각이 들었다. 그래야 어디에 무게 중심을 둘지, 어떤 것을 쳐낼지를 알 수 있을 것 같았다. 수많은 선택의 순간에 기준으로 삼을 나침반이 필요했다. 꽤 많은 키워드들이 떠올랐다. 덜 중요한 것부터 제외시켜나가자 한 단어가 남게 되었다. 그것은 '자유'였다. 내 삶의 목표이자 연료인 자유—그것은 새로운 미래를 열어줄 여행의 좌표이기도 했던 것이다. 그렇다. 나는 이 여행으로 지금까지와는 다른 차원의 자유를 표현해야만 했다. 그래야 이번 여행을 통해 삶의 미래상을 엿보는 일이 가능할 터였다.

다행히 캠핑여행은 자유를 극대화시킬 수 있는 터전을 갖고 있었다. 그것은 근본적으로 어떤 구속도 없는 여행이다. 미리 치밀한 계획을 준비하고 그 계획대로 실행하는 여행이 아니라 흰 도화지 위에 마음 가는 대로 그림을 그리는 여행이다. 자연스럽게 물 흐르듯 흘러감으로써 의미를 갖는 여행이다. 짜여진 형식과 획일성을 거부하고 용감하고 창의적으로 자신을 표현하는 여행이다. 그것은 내가 아는 한, 가장 자유로운 형태의 여행이다. 음악으로 예를 들자면 재즈 같은 여행이다. 그런 수준에 도달하기가 어렵긴 하지만, 제대로만 해낼 수 있다면 재즈의 즉흥연주처럼 모든 구속과 틀에서부터 벗어나 완벽하게 자유로운 상태에서 본능과 교감의 엑스타시를 맛볼 수 있는 여행이다.

모든 것이 사전에 계획된 여행은 안전하다. 불확실성이 제거되었기 때문이다. 하지만 그것은 구속이다. 순간순간 변화하는 환경과 감정에 대한 미묘하고도 능동적인 대응이 허용되지 않는다. 새로운 가능성과 창조적인 우연을 허용하지 않는다. 반면 캠핑여행은 불안하다. 불확실성이 너무 크고 우연성에 의존하기 때문이다. 하지만 그것은 여행을 다른 차원으로 끌어올릴 수 있다. 정해진 규칙이나 한계가 없을 때 가능성은 무한대로 향하게 되기 때문이다. 이를테면 캠핑여행은 물과 비슷하다. 상황에 맞게 변화하고 순환하면서 강한 생명력을 갖는 물! 그것은 내가 원하는 삶의 모습이기도 하다. 나는 물처럼 투명해지고 싶다. 물처럼 자유롭게 흐르면서 대지와 생명을 적시고 싶다.

2.

한 달이 넘는 긴 일정에, 차를 갖고 가고, 아내까지 동행하는 등 여러 가지 요인으로 인해 여행이 가진 변수는 지난번 보다 훨씬 커져버렸다. 그런 와중에 자유를 키워드로 삼기까지 했으니 쉽지 않은 여행이 될 거라는 것은 불을 보듯 뻔했다. 하지만 어쩔 수가 없었다. 이번 여행은 우리가 가진 자유의 한계를 시험하는 무대여야 했다. 두려움을 딛고 절벽 끝에 서서 더 큰 세상으로 향하는 길을 찾아야 했다. 결국 우리는 이전에 경험해본 적이 없는 불확실성과 마주해야 할 운명이었다. 여행을 떠나기 직전까지 어떤 구체적인 계획도 세우지 않았던 것은 그런 이유였다. 사실 그럴 만한 여유도 없었다. 우리가 없는 동안 모든 일들이 잘 돌아가게 만들기 위해서 눈코 뜰 새 없이 바빴다.

대신 동선에 관한 중요한 원칙을 하나 정했다. 고속도로 대신 국도를 타고 움직이자는 것이었다. 그것은 다양한 의미를 갖고 있었다. 무엇보다 생활에서 실천하고 있는 슬로우 라이프를 여행에서도 구현하는 의미였다. 느리게 움직임으로써 여행의 진정한 주인이 되자는 것이었다. 또한 그것은 결과가 아닌 과정에 집중하는 의미였다. 뚜렷한 목표와 계획을 갖는 게 무의미한 환경을 만들어 과정 하나하나에 집중하고 음미하자는 거였다. 안전성을 확보하는 의미도 있었다. 국도로 이동하면 길을 잘못 든다던지 하는 실수를 극복하기가 쉽고 큰 사고도 예방할 수 있을 것이다. 마지막으로 경비 절감의 의미도 있었다. 아무래도 고속도로보다는 기름도 덜 쓰고 통행료도 아끼게 될 터였다.

동선 이야기가 나온 김에 우리와 동행하게 될 차량을 소개하는 게 좋겠다. 우리가 사용하게 될 차량은 1997년 형 흰색 액센트로 장모님으로부터 물려받은 차였다. 사실 그 차는 일본 캠핑여행에 사용하기에는 부적합한 면이 많았다. 캠핑장비와 여행 짐을 싣기에도 공간이 너무 협소했고 엔진이나 각종 부속들이 너무 낡아서 장거리를 소화해낼 수 있는지조차 의심스러웠다. 그동안 관리를 안 해서 운전석 창문이 잘 올라가지 않는다든지, 창틈 사이로 비가 들이치는 등의 고질적인 문제들도 있었다. 그래도 우리는 그 차로 꼭 이 여행을 해내고 싶었다. 오랫동안 우리들의 발이 되어준 노고를 생각해서라도 더 늦기 전에 외국물-'기름'이 더 적당한 표현이겠지만-을 꼭 먹여주고 싶었다.

캠핑장비에 대해선 많은 고민이 필요했다. 장비에 대한 불신 때문에 자신감을 잃고 캠핑을 포기했던 지난 여행의 문제점을 되풀이하지 않기 위해서라도 장비 선택에 신중을 기해야 했다. 이번에는 차가 있어서 선택할 수 있는 장비의 폭이 여유가 있는 편이었지만 그렇다고 필요 없는 것까지 챙겨 갈 형편은 안 되었다. 차가 원채 작은데다가 기본적인 짐만 해도 상당한 분량이었기 때문이다. 우리가 여행하게 될 계절은 가을이지만 워낙 다양한 지형을 만나게 되고 대부분의 시간을 야외에서 보내게 될 터여서 사계절을 감당할 수 있는 옷이 필요했다. 음식재료도 많았고 캠핑장에서 읽을 책도 한 박스나 있었다. 거기에 노트북 2개와 사진기, 주변 기기 등을 합치니 엄청난 짐이 되었다.

텐트는 상당히 고민이 되었다. 5개의 텐트-장비 병의 결과였다.- 중에서 하나를 고르는 것은 카라에서 가장 마음에 드는 멤버 한 사람을 꼽는 일만큼이나 어려운 일이었다. 가장 먼저 후보로 떠올렸던 것은 스노우픽의 어메니티 돔이었다. 내부 공간도 크고 전실도 꽤 넓은 편이니 그거 하나면 될 것 같았다. 하지만 비가 며칠씩 계속 내리는 경우를 생각해보니 어딘가 부족해보였다. 그래서 택한 것이 유레카의 2인용 텐트와 코베아의 트랜스 타프였다. 좋은 기상 조건에서 간단한 캠핑을 할 때는 유레카만으로 충분할 테고 그 외 상황에서는 트랜스 타프를 사용하면 될 것 같았다. 트랜스 타프는 워낙 사이즈가 커서 유레카를 안에

넣고도 거실 공간을 확보할 수 있다는 장점이 있었다.

침낭은 기존에 사용하고 있던 주노 코리아와 바우데의 오리털 침낭을 사용하기로 했고 편안하고 따뜻한 잠자리를 위해서 텐트에 깔 매트는 2겹을 준비했다. 의자는 코베아의 릴랙스 체어를 택했다. 무겁고 부피도 많이 차지하는 편이었지만 그래도 편안한 휴식을 생각하면 포기할 수 없었다. 혹시 몰라 작은 등산용 의자 2개도 함께 챙겼다. 테이블은 유니프레임의 미니 테이블을 택했다. 크기도 적당했고 높낮이를 조절할 수 있는 점도 좋았다. 테이블에 연결해서 사용할 랜턴용 폴대와 걸이도 챙겼다. 랜턴은 코베아의 소형 가스 랜턴과 우주선 모양의 원형 건전지 랜턴을 준비했다. 그 외에는 코베아의 캠프원 버너와 코펠, 동생 부부가 빌려준 스노우피크 주방 세트가 있었다.

가장 고민이 되었던 건 내비게이션에 관한 문제였다. 나는 지도를 보면서 길을 찾아다니는 여행을 좋아하고 실제 경험도 많은 편이었지만 일본에서만큼은 내비게이션이 꼭 필요하다는 판단을 하고 있었다. 한자와 일본어로만 표기가 되어 있는 일본의 지도는 나 같은 문맹자에게는 그림의 떡이나 다름 없었기 때문이었다. 도로 표지판에는 영어 표기가 잘 되어 있지만 지도와 비교해서 볼 수 없는 상황에서는 반쪽짜리 정보일 뿐이었다. 유일한 가능성은 그림책을 보듯이 한자를 그림으로 인식해서 확인하는 방법인데 그런 식으로 어떻게 한 달 이상 일본을 구석구석 돌아다닐 생각을 할 수 있겠는가? 결론은 이거였다. 일본에 도착하자마자 내비게이션을 사서 차량에 부착한다. 끝.

그 계획에 변화가 생긴 것은 출발을 불과 일주일을 앞두고 있을 때였다. 카페라는 공간은 늘 의외의 인물이 등장할 가능성을 내포하고 있는 법이지만 일본에서 잘 살고 있는 줄 알았던 호치키스님이 문을 열고 태연하게 걸어 들어올 때에는 나도 내 눈을 믿지 못하고 허벅지 살을 꼬집어보게 되는 것이었다. 어찌된 일인가 물어보니 일본 체류를 마치고 얼마 전에 귀국했는데 사이트에서 내가 다시 일본으로 캠핑여행을 떠난다는 소식을 보고 궁금하기도 하고 응원도 할 겸해서 카페를 방문했다는 것이었다. 이쯤 되면 호치키스님이 하늘에서 보낸 천사라는 걸 의심할 수가 없다. 그렇지 않다면 어떻게 내가 일본에 캠핑여행을 갈 때마다 홀연히 나타나 도움을 주고 사라질 수 있겠는가.

일본에서 내비게이션을 장착할 거라는 나의 계획에 호치키스님은 손사래를 치면서 자신의 경험담을 말해주었다. 자신도 일본어를 못하는데 예전에 한 달간 일본을 여행할 때 지도만으로도 전혀 문제가 없었다는 것이었다. 뿐만 아니라 즉흥적인 선택이나 위기대처가 중요한 캠핑여행에는 내비게이션보다 지도가 훨씬 더 유용하다는 이야기였다. 맞는 말이었다. 그의 말을 듣다보니 내가 부딪혀보기도 전에 너무 겁을 먹었었다는 생각이 들었다. 그래. 내비게이션 말고 지도다. 내비게이션이 가르쳐주는 길을 따라가는 여행이 아니라 내가 지도를 보고 직접 길을 선택하는 여행을 하자. 안 그래도 내비게이션 때문에 계속 찜찜했었는데 속이 후련했다. 십년 묵은 체증이 내려가는 듯 했다.

그렇게 해서 이 여행은 구체적인 계획이나 일정 대신 뚜렷한 색깔과 콘셉트를 갖게 되었다. 고속도로 대신 국도를 타는 느린 여행, 내비게이션 대신 지도를 사용하는 아날로그적인 여행, 계획을 최소화하고 순리에 따라 자연스럽게 흘러가는 무위의 여행, 무엇을 보고 경험하느냐의 문제보다는 시시각각 변화하는 환경과 불확실성에 대처하는 방법을 익히는 생존 여행이었다. 그것은 편리함과 화려함으로부터 순수와 근본으로 돌아가는 의미의 여행이었다. 그런 면에서 그것은 내가 했던 그 어떤 여행과도 달랐다. 굳이 예를 들자면 '호랑이 담배 피던 시절, 바캉스라는 타이틀 아래 온 국민이 한 날 한 시를 택해 일제히 바다와 계곡으로 달려가던 때'에 유행했을 법한 형태의 여행이었다.

2009년 10월 15일 아침. 수지와 나는 바다 바람을 한껏 안은 갑판에 서서 점점 다가오는 시모노세키의 풍경을 바라보고 있었다. 특별한 것도 없는 경관이었지만 곧 우리들의 여행이 시작된다는 생각만으로 내 가슴은 벅차오르고 있었다. 옐로우님과의 캠핑여행부터 여행 후에 우리들의 삶에 벌어졌던 변화까지 그간 겪어왔던 모든 과정들이 영화의 한 장면처럼 머릿속을 지나갔다. "우리... 잘 할 수 있겠지?" 수지가 상기된 표정으로 물었다. 나는 대답 대신 팔로 그녀의 어깨를 감싸 안았다. 이제 다시 시작이다. 새로운 모험이다. 우리 앞에 펼쳐진 저 곳은 모험의 땅이며 우리는 그 곳을 탐험하는 탐험가다. 탐험의 시대는 아직 끝나지 않았다! 내 뜨거워진 심장이 그렇게 말하고 있었다.

3.

몇 년이라는 시간을 거슬러온 탓에 벌써 오래 전 이야기처럼 가물가물할 수도 있겠지만 기억력에 크게 문제가 없는 독자라면 이제 우리가

과거로의 여행을 마치고 이 책머리의 첫 장면으로 돌아왔음을 눈치 챌
수 있을 것이다. 출국하는 과정에서 느꼈던 불안함과 어색함은 일본에
입국할 때까지도 이어졌다. 우리를 가장 안절부절 못하게 만들었던 것
은 차량 번호판이었다. 일본에 들어가는 차량은 통관법에 따라 국제
번호판을 만들어 부착해야 했는데 우리는 독창성을 발휘한다는 명목
하에 다소 장난스럽게 선박회사에서 권장하는 아크릴 소재 대신 A4 지
를 코팅해서 테이프로 붙여놓았었다. 다행히 별 문제없이 일본 땅을 밟
긴 했지만 세관을 통과할 때는 간이 콩알만 해졌었다.

그런데 또 다른 문제가 있었다. 이번에는 운전이었다. 도로도 널찍했
고 차도 별로 없었지만 나는 운전하는 데 적잖이 애를 먹고 있었다. 다
른 차선에 끼어들 타이밍을 놓치고 교차로에서 턴을 할 때마다 방향을
헷갈리고 있었다. 그것은 꽤나 이상한 일이었다. 왜냐하면 나는 차량
진행 방향이 반대인 국가에서 운전 경험이 많았던 데다가 딱히 긴장을
할 만한 상황도 아니기 때문이었다. 그 이유는 앞 차량을 보고 나서야
알게 되었다. 그 차의 운전자는 나와 반대쪽에 앉아서 운전을 하고 있
었던 것이다. 그렇다. 일본과 한국은 운전석이 반대였다. 남들과는 반
대쪽에 있는 운전석에 앉아서 평소와 반대 방향으로 운전하기! 직접 경
험해보기 전에는 그 난감함을 이해하기 힘들 것이다.

어색한 것은 그 뿐만이 아니었다. 모든 것이 낯설고 이국적이어야 마
땅할 외국 땅에서 난데없이 나를 둘러싸고 있는 공간—1997년 형 흰색
엑센트—의 익숙함이라니! 너무나도 익숙한 공간 너머로 낯선 공간이
펼쳐지는 풍경은 원래 만나서는 안 될 운명인 것들이 하나로 뒤엉켜 있

는 듯한 모습이었다. 현실도 아니고 판타지도 아닌, 중간 어디쯤에 있는 듯한, 그 두 가지가 하나로 통합된 세계라고나 할까? 그것은 내가 이전에 경험해보지 못한 종류의 이질감이었다. 나는 이상한 나라에 막 도착한 앨리스가 된 듯한 기분에 사로잡혔다. 어쩌면 이것이 이번 여행을 관통하는 콘셉트일 지도 모른다는 생각도 들었다. 과거와 미래, 익숙함과 낯섦, 현실과 판타지가 하나로 합쳐지는 시공간.

시모노세키는 혼슈의 서쪽 끝에 위치한 항구 도시이자 서일본을 대표하는 교통과 물류의 중심지이다. 다리 하나만 건너면 큐슈고, 페리를 타면 한국에 갈 수도 있다. 그래서인지 시모노세키는 국경 도시 같은 분위기를 풍겼다. 이질적인 지형과 문화가 만나는 경계 지역 특유의 긴장감, 하지만 알고 보면 별 거 아니라는 투의 느긋함이 공존하고 있었다. 우리가 제일 먼저 들른 곳은 중심가에 있는 백화점이었다. 지도를 손에 넣는 게 급선무였기 때문이었다. 책방에서 지도를 구입한 후 우리는 백화점 지하의 마트에 들려서 도시락과 음식재료를 샀다. 유난히 신선해 보이는 해산물과 저렴한 물가가 인상적이었다. 캠핑여행의 시작점으로 시모노세키만한 곳도 드물 것 같았다.

쇼핑을 마치고 들른 곳은 시모노세키를 대표하는 관광지 중 하나인 가라토 어시장이었다. 지역 특산품으로 유명한 복어와 함께 다양한 해산물이 유통되는 곳이다. 대부분의 상점들이 문을 닫아서 활기찬 어시장의 모습은 볼 수 없었지만 야외 데크에서 바라보는 시원한 바다 전망만으로도 가볼 만한 가치가 있었다. 우리는 근처 언덕에 위치한 전망대로 갔다. 무료입장이라서 큰 기대감은 없었는데 시모노세키 시 전체와 큐슈로 이어지는 간몬 대교 등 인근의 경치를 거의 360도로 조망하는 경치가 환상적이었다. 주변에 조성된 공원 역시 깨끗하게 잘 관리되고 있었다. 우리는 전망 좋은 벤치에 자리를 잡고 준비한 도시락을 꺼냈다. 일본에서의 첫 번째 식사를 하기 위해서였다.

그런데 수지의 표정이 좋지 않았다. 그러고 보니 언제부터인가 나를 대하는 태도에도 가시가 돋아 있었다. 왜 그러냐는 질문에 그녀는 닭똥 같은 눈물을 떨어뜨리며 이렇게 말하는 것이었다. "오늘 어디서 캠핑하게 될지도 모르잖아. 나는 그런 불확실한 상황이 너무 싫거든. 이렇게 여기저기 다니지 말고 빨리 캠핑장을 찾아서 쉬자. 난 힘들고 피곤해." 순간 나는 머리를 둔기로 맞은 사람처럼 멍했다. 그리고 서서히 정신이 들면서 화가 났다. 아니 도착한지 얼마나 되었다고 저런 말을 하는 걸까? 날씨도 좋고 모든 게 완벽한 상황에서 왜 초를 치는 걸까? 왜 지금 이 순간을 마음 편하게 즐기지 못하는 걸까? 이럴 거라는 걸 모르지 않았을 텐데. 나는 도무지 그녀를 이해할 수 없었다.

그것은 여러 가지 면에서 상징적인 장면이었다. 함께 해왔던 삶 속에서 그동안 겪어온 수많은 불협화음의 원인이 그곳에서 적나라하게 드러나고 있었다. 우리는 같은 장소, 같은 시간도 전혀 다르게 인식하곤 했다. 한 사람에게는 즐겁고 완벽한 세계가 다른 사람에게는 괴롭고 불안한 세계이기 일쑤였다. 그것은 두 사람의 성격 차이뿐 아니라 한 사람은 삶 속에서 자기가 원하는 길을 찾아가고 다른 한 사람은 마지못해 끌려가는 입장의 차이이기도 했다. 또한 그것은 지난 번과는 전혀 다르게 전개될 이번 여행의 미래를 보여주는 예고편이기도 했다. 지난 여행에서 옐로우님과 나는 '모험'이라는 목표 아래 하나로 뭉쳤었지만 이번에는 아니었다. 서로 다른 목표가 충돌하고 있었다.

나는 적잖이 혼란스러웠다. 두렵기까지 했다. 안 그래도 그녀가 이 여행에 잘 적응할 수 있을까 걱정하던 차에 시작하자마자 바로 그 문제가 불거져버리니 겁이 날 수밖에. 마치 태풍이 온다는 일기예보를 무시하고 항구를 떠났다가 바다 한가운데서 폭풍우에 갇힌 신세가 된 듯한 기분이었다. 특히 모든 게 완벽한 상황—내가 보기에—에서 태클이 들어왔다는 점에서 특히 절망적이었다. 아무 문제없을 때도 이런데 어렵고 힘든 상황은 어떻게 뚫고 나갈 것인가. 도무지 우리가 이 여행을 잘 헤쳐 나갈 거라는 생각이 들지 않았다. 두 사람의 차이로 인해 어려움이 있을 거라는 것은 알고 있었지만 이런 사소한 문제—내가 보기에—로 닥칠 줄은 몰랐다. 이것은 분명 좋은 징조가 아니었다.

시모노세키를 빠져나와 해안도로로 접어들자 절벽과 바다의 경계를 아슬아슬하게 통과하는 아름다운 드라이브 코스가 이어졌다. 우리는 창문을 활짝 열어놓고 바닷바람에 몸을 맡겼다. 그러자 가슴 속까지 시원해지면서 우울한 기분이 서서히 사라졌다. 수지의 표정도 한결 편안해져 있었다. 사실 한국에서 출발할 때부터 기분이 영 좋지 않았었다. 여행을 준비하는 과정에서 받았던 스트레스 때문이었다. 여행경비 같은 현실적인 문제들이 떠나기 직전까지 우리를 괴롭혔었다. 그걸 알게 되자 전망대에서 수지의 감정이 흔들렸던 것도 그 때문일 거라는 생각이 들면서 그 때 그녀를 따뜻하게 감싸 안지 못했던 내 옹졸함이 후회되는 것이었다. 나는 슬며시 그녀의 손을 잡았다.

우리의 목표는 시모노세키에서 100km 남짓한 거리에 위치한 하기 시였다. 하기 시는 야마구치 현에 위치한 중소도시로 앞에는 바다가 있고 뒤쪽은 산으로 둘러싸여 있으며 가운데로는 큰 강이 흐르고 있다. 그런 천혜의 환경 덕분에 일찍부터 도자기 공예 등의 예술 문화가 꽃을 피울 수 있었다. 우리가 하기 시에 도착한 것은 오후 5시 경이었다. 중앙역에 위치한 관광안내소에서 우리는 나쁜 소식과 좋은 소식을 하나씩 듣게 되었다. 나쁜 소식은 하기 시 주변에 캠핑장이 전혀 없다는 것이었고 좋은 소식은 여름에는 시내 근처의 해변에서 사람들이 캠핑을 하기도 한다는 것이었다. 그 소식에 내 표정은 환해졌고 수지의 표정에는 먹구름이 끼었다. 우리는 늘 이런 식이다.

비캠핑장, 즉 캠핑장이 아닌 곳에서의 캠핑은 우리가 꼭 통과해야 할 관문이었다. 시모노세키에서 시작해서 해안도로를 타고 움직이는 동선의 특성상 국립공원이 몰려 있는 북알프스에 도착하기 전까지는 캠핑장이 없는 지역에서 밤을 보낼 확률이 높기 때문이다. 관건은 '캠핑은 캠핑장에서만 한다'는 획일적 사고에서 벗어나는 데 있었다. 사실, 그것은 경험의 문제이기도 했다. 한 번만 제대로 경험하고 나면 다음부터는 자연스럽게 받아들이게 되는 것이다. 나는 제주도에서의 전지훈련―일주일간 해변과 동네 공터에서 캠핑을 하면서 올레 코스를 걸었다―을 통해 적응이 되어 있었다. 문제는 수지였다. 수지는 그런 경험이 전혀 없을 뿐더러 불안한 환경을 매우 싫어하는 편이었다.

수지는 내심 숙소를 잡았으면 하는 눈치였지만 나도 쉽게 양보할 수가 없었다. 첫 날 밤이 갖는 각별한 의미 때문이었다. 내 생각은 이랬다. 이것은 단지 하룻밤의 문제가 아니다. 이번 여행의 방향과 미래를 가늠하게 될 바로미터이다. 만약 여기서 겁을 내고 숙소를 찾게 된다면 앞으로도 그런 식으로 해결하게 될 것이다. 우리가 여기서 캠핑을 할 수 있다면 다른 곳에서도 캠핑을 할 수 있을 것이다. 그러니까 지금의 이 선택은 이 여행에서 우리가 만나게 될 수많은 장애물을 극복하는 문제와 연결되어 있다. 이것을 넘으면 다른 것도 넘을 수 있고 이것을 포기하면 다른 것들도 포기하게 된다. 그렇다면 분명해진다. 오늘 밤, 지금 이 순간의 선택이 이 여행을 결정짓게 된다는 것이.

해변에 도착한 나는 마음속으로 환호성을 질렀다. 딱 보기에도 캠핑하기에 좋아 보이는 곳이었다. 희고 고운 모래의 백사장이 부드러운 곡선을 그리며 넓게 펼쳐져 있었고 우리가 서 있는 곳 뒤편으로는 아늑한 느낌의 소나무 숲이 조성되어 있었다. 하루 종일 화창했던 날씨 영향인지 바다도 호수처럼 잔잔했다. 한 폭의 그림 같은 풍경이었다. 게다가 깨끗한 공중 화장실까지 근처에 있었다. 전체적으로 보았을 때 캠핑장과 크게 다를 바 없는 환경이었다. 인근에 있는 도로로부터 차 소리가 좀 난다는 점만 빼면 완벽에 가까운 곳이었다. 나는 좀처럼 말리기 힘든 짱구처럼 수지에게 눈빛 공격을 퍼부었다. 그녀는 잠깐 망설이는 표정을 짓더니 이내 포기한다는 듯이 고개를 끄덕였다.

나는 빛의 속도로 캠핑 장비를 꺼냈다. 벌써 주변이 어두워지고 있어서 서둘러야 했고, 수지가 마음을 바꾸어 먹지 못하게 쐐기를 박는 의미도 있었다. 그동안 한국에서 캠핑을 자주 다닌 덕분에 캠핑 장비를 세팅하고 식사를 준비하는 일에는 거침이 없었다. 그런 점에서 우리는

2년 전 옐로우님과의 여행과는 많이 달랐다. 한결 숙련된 캠퍼의 모습이었다. 해변에는 순식간에 텐트와 장비들이 펼쳐졌다. 나는 솔방울을 모아 불을 피웠고 수지는 고기를 굽고 어묵탕을 끓였다. 그렇게 해서 일본에서의 첫 만찬이 시작되었다. 우리는 오랜만에 활짝 웃으며 새로운 여행의 시작과 일본에서 맞은 첫 날 밤을 축하했다. 쏟아질 듯 수많은 별들이 하늘과 바다 위에서 우리를 축복하고 있었다.

4.

행복은 아침까지 이어졌다. 싱그러운 아침을 맞은 해변의 모습은 현실감이 느껴지지 않을 정도로 평화롭고 아름다웠다. 마치 동남아의 어느 유명한 휴양지에 와 있는 것 같았다. 해변에서 캠핑하는 사람은 우리밖에 없었지만 워낙 인적이 없고 조용한데다가 간혹 지나가는 사람들도 우리를 전혀 신경 쓰지 않는 모습이라서 불편하거나 불안한 마음은 들지 않았다. 우리는 텐트와 짐을 그대로 둔 채 해변을 거닐었다. "어때? 이런 해변에서도 캠핑할 만하지?" 내가 슬쩍 던진 질문에 수지는 살짝 고개를 끄덕였다. 워낙 좋아도 좋다고 잘 표현을 안 하는 스타일인지라 고개를 끄덕인 것만 해도 꽤나 긍정적인 신호였다. 그렇게 우리는 일본에서의 첫 번째 캠핑을 성공리에 마칠 수 있었다.

하기 시에서 내륙 쪽으로 약 40km 떨어져 있는 츠와노로 향했다. 이 여행의 유일한 목표이자 가장 중요한 목적지인 북알프스 쪽으로 가려면 해안도로를 따라 동쪽으로 계속 달리는 게 가장 빠르고 편한 방법이었지만 가끔 내륙 쪽으로 들어가면서 변화를 주는 것도 나쁘지 않을 것 같았다. 츠와노는 첩첩산중에 콕 박혀 있는 작은 마을로 수려한 경치와 숲과 강에서 뿜어져 나오는 청량한 공기가 인상적인 곳이었다. 그곳이 가진 생명력을 보여주려고 작정이나 한 듯 엄청난 수의 잉어가 마을을 통과하는 수로와 강에서 헤엄을 치고 있었다. 강 주변과 산 쪽에 캠핑할 만한 장소가 많이 보였지만 수지가 마음에 들어 하지 않았고 캠핑을 하기엔 너무 이르다는 생각에 오후 3시쯤 마을을 떠났다.

2시간 후 우리는 이와미 해변공원에 도착했다. 지도에 캠핑장 표시가 되어 있어서 염두에 두고 있었던 곳이었는데 알고 보니 캠핑장과 방갈로 스타일의 숙박시설, 공원 등이 함께 조성되어 있는 대단위 레저공간이었다. 캠핑장 시설도 훌륭해서, 넓고 고른 잔디밭에 개수대와 화장실 시설이 잘 갖추어져 있었다. 사람이 아무도 없다는 것만 빼고는 캠핑하기에 최고의 환경이라 할 수 있었다. 지난 여행에서 이런 곳을 발견했다면 옐로우님과 나는 덩실덩실 춤을 추었으리라. 하지만 우리는 거기에서 캠핑을 하지 않았다. 그 좋은 곳을 뒤로 한 채, 아무 대안도 없이 이미 어둑어둑해진 도로를 따라 달릴 뿐이었다. 우리는 무슨 생각이었던 걸까? 이것은 오랫동안 나를 괴롭힌 질문이었다.

우선 분위기가 꽤나 을씨년스러웠다. 오후 들어 날씨가 안 좋아지면서 바람이 많이 불고 파도도 세게 치는 바람에 캠핑장은 철지난 바닷가의 유흥가처럼 썰렁한 모습이었다. 하지만 그보다 더한 곳에서도 캠핑을 했던 나였다. 전날 밤만 해도 해변에서 밤을 보내지 않았던가. 그렇다면 이런 추측이 가능하다. 하기 시의 아름답고 평화로웠던 해변과 아늑한 소나무 숲의 이미지가 기억 속에 너무 깊게 남아 있어서 그보다 못한 환경을 쉽게 받아들일 수 없었던 건 아닐까? 과거의 황홀했던 꿈에서 깨어나지 못한 상태라 현실을 직시하는 데 실패했던 건 아닐까? 아니면 국도를 따라 북알프스까지 가려면 초반에 가능한 많이 움직이는 게 좋다는 부담감이 무의식중에 작용했었는지도.

오판의 대가는 컸다. 그날 밤 우리는 자정을 훨씬 넘겨서야 힘든 하루를 마감할 수 있었다. 과정은 이랬다. 우리는 달리고 또 달렸다. 캠핑할 곳을 찾지 못해 불안했던 마음은 깜깜한 밤이 되면서 오히려 평온해졌다. 배가 고파 죽을 것 같다가도 어느 선을 넘기면 더 이상 배고픔을 느끼지 않게 되는 것과 비슷한 이치였다. 믿는 구석이 하나 있기는 했다. 지도에서 발견한 또 하나의 캠핑장 표시였다. 하지만 먼 길을 달려 도착한 그곳에는 캠핑장은 눈을 씻고 찾아봐도 없었다. 그제서야 이와미 해변공원을 떠나온 것을 후회했지만 이미 한참 전에, 무려 6시간 전에 지나간 버스였다. 그렇게 해서 우리는 밤 11시가 가까운 시각에 어디로 가야할 지 모른 채 방황하는 신세가 되어버렸다.

간혹 민박이나 펜션이 눈에 띄기도 했지만 밤늦은 시간에는 아예 손님을 받지 않는 곳이 대부분이라 숙박시설을 이용하는 것도 불가능했다. 막막했지만 다른 방법이 없었다. 다시 해안도로를 달리는 수밖에. 한 시간 동안 우리는 한 마디도 하지 않았다. 그 정도면 독자 여러분도 차 안의 분위기를 짐작할 수 있으리라. 이즈모 타이샤라는 마을의 해변에 도착한 것은 자정을 넘긴 시각이었다. 그래도 이와미 해변공원 이후에 가장 괜찮아 보이는 해변이었다. 수지는 여전히 그 곳을 마음에 들어 하지 않았지만 다른 대안이 없었다. 시간도 시간인데다가 둘 다 너무 지쳐 있었다. 그런 상황에서 다른 곳을 찾아 나선다는 것은 무리였다. 그렇게 해서 우리는 대단원의 하루를 마감하게 되었다.

기분도 전환할 겸 해서 모닥불을 피웠다. 한참동안 불을 보고 있노라니 마음이 한결 편해졌다. 덕분에 밤늦게까지 고생한 거에 비하면 비교적 괜찮은 기분으로 잠자리에 들 수 있었다. 하지만 너무 가깝게 들려오는 파도 소리 때문에 쉽게 잠이 들 수 없었다. "혹시 밀물 때 파도가 여기까지 오는 건 아닐까?" 수지가 불안한 목소리로 물었다. 나는 그럴 일은 절대 없다고, 쓸데없는 걱정 말고 잠이나 푹 자라고 큰 소리를 쳤다. 내 말을 믿었던 건지, 아니면 피곤해서 그런 건지 수지는 금방 잠이 들었다. 그런데 정작 그렇게 말을 했던 나는 파도 소리에 신경을 곤두세우며 제대로 잠을 자지 못했다. 그날 밤 나는 거의 한 시간마다 한 번씩 잠에서 깨어나 바깥 상황을 살펴보았다.

인간은 인지하는 정보 중에 70%는 시각을 통해, 나머지 30%는 청각, 후각, 미각, 촉각으로 받아들인다고 한다. 시각의 비율이 압도적이긴 하지만 그렇다고 다른 감각들을 무시할 수는 없다. 아니 오히려 더 중요하다고도 할 수 있다. 예를 들어보자. 부엌에서 가스가 새고 있을 때, 어딘가에서 화재가 났을 때 우리를 위기에서 구출해주는 것은 청각과 후각이다. 어떤 사람을 제대로 알기 위해서는 외모만 볼 게 아니라 그 사람이 하는 말을 잘 들어봐야 하고 무의식중에 풍기는 냄새를 맡아봐야 하며 오랫 동안 맛을 보고 느껴봐야 한다. 사실 상상력이나 추상적인 사고에 있어서 시각은 오히려 방해가 되기 십상이다. 자연 속에서의 캠핑은 감각을 깨우고 날카롭게 만드는 기회다.

아침에 텐트 바깥으로 나온 순간 나는 내 눈을 의심했다. 사람들이 거친 파도 위에서 서핑을 하고 있었기 때문이다. 11월이 가까워오는 시기에 서핑이라니! 주변을 돌아보니 더 많은 서퍼들이 바다에 들어갈 준비를 하고 있었다. 아무래도 우리가 서퍼들의 아지트에서 캠핑을 한 듯했다. 날씨는 여전히 흐렸지만 우리는 전날의 아픔을 딛고 새로운 출발을 할 준비가 되어 있었다. 하지만 날씨가 그것을 허락하지 않았다. 막 아침식사를 하려는데 갑자기 모래를 동반한 돌풍이 불어왔다. 처음에는 곧 멈추겠지 싶어서 참고 견뎠지만 시간이 지날수록 바람은 점점 더 세질 뿐이었다. 급기야 테이블이 넘어지고 텐트는 쓰러지는 등 난장판이 되었고 코와 입으로도 모래가 파고들어왔다.

그 와중에 비까지 뿌려댔다. 최악의 상황이었다. 결국 피하는 방법밖에 없다는 것을 깨닫고 도로 변에 있는 정자 밑으로 짐을 옮기기 시작했다. 피신을 끝내자마자 나는 노트북과 사진기부터 살펴보았다. 미세한 모래가 틈이란 틈에는 모조리 파고들었기 때문이었다. 다행히 작동에는 문제가 없었다. 하지만 그 소동으로 우리가 입은 피해는 작지 않았다. 힘들게 차려놓은 아침식사가 한순간에 물거품이 되었고 무엇보다도 아침부터 기분이 엉망으로 망가져 버렸다. 여기저기 짐이 널부러진 채 망연자실 앉아있는 우리의 모습은 피난민과 다를 바 없었다. 여행 이틀째에 이런 일을 당하다니! 그것은 옐로우님과의 여행에서는 물론 다른 캠핑에서도 경험해보지 못한 시련이었다.

기분 같아서는 아침식사고 뭐고 그대로 짐을 챙겨서 그 자리를 떠나고 싶은 마음뿐이었다. 전날 밤에 갈 곳 없는 우리를 받아준 고마운 장소가 이제는 쳐다보기도 싫은 곳이 되어있었다. 하지만 우리는 겨우 마음을 추스르고 다시 한 번 아침식사에 도전했다. 그런데 이상하게도 그 때부터 좋은 일들이 벌어지기 시작했다. 다른 쪽 의자에 앉아계시던 동네 할머니들이 고구마를 갖다 주셨고 우리도 한국라면으로 답례를 했다. 말은 통하지 않았지만 따뜻한 미소가 오고가면서 훈훈한 분위기가 연출되었다. 식사를 끝마칠 무렵, 갑자기 비가 그치더니 몇 초만에 해가 났다. 정자 바깥으로 나가 보니 언제 돌풍이 불고 비가 왔냐는 듯이 새파란 하늘과 뭉게구름이 우리를 향해 웃고 있었다.

이런 일을 겪을 때마다 드는 생각이 있다. 우리 인간의 삶이란 정말 한치 앞도 모른다는 것이다. 예상의 범위를 벗어나는 일들은 늘 벌어지고 미래는 생각하지 못했던 방향으로 흘러간다. 정교한 예측을 통해 미래를 통제하겠다는 계획은 그야말로 환상에 불과하다. 미래를 더 불확실하게 만드는 것은 너무나 주관적이고 비이성적으로 작동하는 인간의 인식능력이다. 우리는 당장 괜찮다는 이유로 장밋빛 미래를 꿈꾸고, 지금 어렵고 힘들다는 이유로 미래도 비관적으로 본다. 아무 근거도 없이 현재의 상황이 끝없이 이어질 거라고 믿는다. 그러다보니 필요 이상으로 감정의 기복을 겪고, 하지 않아도 되는 실수를 저지르며, 빠지지 않아도 되는 구렁텅이에 빠져 허우적 된다.

캠핑을 하다보면 기분이 날씨나 환경에 의해 얼마나 쉽게 지배당하게 되는지를 깨닫게 된다. 같은 비라도 음악이 흐르는 분위기 좋은 카페 안에서 지켜보는 것과 숲속에서 캠핑을 하면서 직접 맞는 것과는 전혀 다른 것이다. 거친 자연 속에서, 계속되는 우울한 날씨와 예기치 않은 사건 사고 속에서 쾌활함과 긍정적인 생각을 유지하기란 정말 힘든 일이다. 하지만 우리는 평상심을 유지해야 한다. 환경의 변화에 휘둘리지 않고 냉철한 판단과 선택을 내리는 기술을 익혀야 한다. 천둥 벼락이 치고 장대비가 퍼붓는 최악의 상황에서도 세상을 밝게 비출 태양과 푸른 하늘을 상상하고 웃을 수 있어야 한다. 그것이야말로 캠핑을 통해 우리가 배울 수 있는 가장 중요한 삶의 기술이다.

식사 후에 인근에 있는 두 곳의 관광지를 들렀다. 아찔한 절벽과 바다가 만나는 풍경이 아름다운 히노미사키 곶과 와인 만드는 과정을 견학하고 시음도 할 수 있는 시마네 와이너리였다. 와인 때문에 약간은 알딸딸해진 상태로 동쪽으로 달려가다가 이번에는 호수를 만났다. 바다라고 해도 의심하지 않을 만큼 커다란 호수였다. 그 호수의 끝에는 바다와 큰 호수들로 둘러싸인 물의 도시, 마츠에 시가 있었다. 우리는 점심도 먹을 겸 그 도시에서 쉬어가기로 했다. 유려한 곡선미와 현대적인 감각이 인상적인 시네마 현립 미술관은 마츠에 시에서도 가장 돋보이는 건물이었다. 우리는 미술관 내에 있는 전망 좋은 이탈리안 레스토랑에서 식사를 하며 오랜만에 문명세계를 즐겼다.

마츠에 시를 벗어나 우리가 향한 곳은 다이센오키 국립공원이었다. 이번 여행에서 처음 만나는 국립공원이었다. 거기에서 2박을 하면서 지친 몸과 마음을 추스를 계획이었다. 그런데 문제가 있었다. 그곳에 대한 아무런 정보도 없다는 거였다. 캠핑장 유무는 물론 안내센터의 위치도 모르고 있었다. 가서 직접 알아보는 수밖에 없었다. 그런 불확실한 상황 때문이었을까. 아니면 오늘만큼은 잘해야 한다는 부담감 때문이었을까. 내 마음은 그 어느 때보다도 조급했다. 차량 계기판에 주유 경고등이 들어왔다는 수지의 말을 무시하고 계속 달려가기만 했던 것도 그 때문이었다. 기름은 괜찮아 보였다. 그보다는 당장 우리 앞에 닥친 문제—안내센터와 캠핑장을 찾는 일—에만 집중하고 싶었다.

기름도 넣지 않고 달린 덕분에 해 지기 전에 국립공원에 도착하긴 했지만 그것만으로 문제가 해결된 건 아니었다. 국립공원이 워낙 넓고 길이 구불구불해서 이동하는 게 만만치 않았다. 게다가 안내센터라고 생각하고 찾아간 곳은 스키장이었다. 우리는 다시 한 번 난감한 상황에 봉착했다. 주변도 어두워지고 있는데다가 차에 기름이 간당간당해서 마음 놓고 돌아다닐 수조차 없는 처지였다. 주변에서 적당한 장소를 찾아 캠핑을 할까 생각도 했지만 그것도 무리였다. 연 이틀 해변에서 캠핑을 하면서 수지가 스트레스를 많이 받은 상태였고 국립공원 안이라 위법의 소지도 있었다. 다시 차를 타고 나섰지만 거리에는 쥐새끼 한 마리도 보이지 않았다. 암울한 기운이 차 안에 가득했다.

그 때 갑자기 수지가 "오빠 저기!"라고 날카로운 비명—정말 비명이었다—을 질렀다. 손가락이 가리키는 곳을 보니 막 등산을 마치고 자기 차에 탈 준비를 하는 한 남자가 있었다. 나는 마치 연쇄 살인범을 발견한 형사처럼 급하게 차를 멈추고 그를 덮쳤다. 그 남자는 마치 형사에게 뒷덜미를 잡힌 연쇄살인범처럼 깜짝 놀라더니, 캠핑장 위치를 아냐는 나의 심문에 범인들이 보통 그러듯이 강하게 고개를 저으며 자신의 무죄를 주장했다. 하지만 내가 강렬한 눈빛 공격을 퍼붓자 그는 불현듯 뭔가 생각났다는 표정을 짓더니 자기 차에서 종이 한 장을 가져왔다. 국립공원 지도였다. 잠시 후 그는 손가락으로 캠핑장 위치를 짚어주었다. 나는 중요한 정보를 제공해준 대가로 그를 풀어주었다.

그렇게 해서 우리는 천신만고 끝에 캠핑장에 도착할 수 있었다. 정말 만감이 교차했다. 사막에서 쓰러지기 직전에 오아시스를 발견한 사람 정도는 돼야 그 기분을 이해할 수 있을 것이다. 하지만 수지는 여전히 기분이 좋지 않았다. 연이틀 우리가 겪었던 일들에 불만이 많았고 특히 기름을 넣고 가자는 자신의 말을 무시한 나의 행동에 대해 잔뜩 화가 나 있었다. 저녁식사를 마친 후 나는 모닥불 앞에 앉아서 가슴을 쓸어내리고 있었다. 그래도 이렇게라도 캠핑장에 와 있다는 게 천만다행이었다. 만약 오늘도 밤늦게까지 잠잘 곳을 찾지 못했었다면 정말 무슨 일이 났어도 났을 것이다. 그런데 도대체 왜 이번 여행은 이토록 힘들고 어려운 것일까? 도대체 어떤 문제가 있는 것일까?

5.

눈을 떠보니 6시였다. 곤히 잠들어 있는 수지를 두고 혼자 아침산책을 나섰다. 천천히 걸으면서 전날 밤의 생각을 이어갔다. 이번 캠핑여행이 이렇게 힘들게 느껴지는 이유는 뭘까? 먼저 지난 여행과의 차이점부터 살펴보는 게 좋겠다는 생각이 들었다. 가장 먼저 드러나는 차이는 캠핑 환경의 어려움과 집중도에 있었다. 국립공원이 몰려있는 지역인 북알프스에 국한되었던 지난 여행과 달리 이번에는 캠핑에 비우 호적이라고 할 만한 지역을 지나가고 있었다. 그런 와중에도 하루도 안 빠지고 계속해서 캠핑을 시도하고 있었고, 더군다나 지금까지 한 번도 해본 적이 없었던 해변에서의 캠핑도 연속으로 했다. 한 마디로 더 열 악한 환경에서 더 어려운 도전을 하고 있는 셈이었다.

구성원이 바뀌면서 생긴 차이도 컸다. 사실 이번 여행이 특별히 더 힘든 건 아니었다. 전날 같은 상황도 옐로우님과 함께였다면 아무 문제 가 없거나 오히려 즐거운 에피소드로 승화되었을 것이다. 두 사람이 한 몸처럼 생각하고 행동했기 때문이었다. 하지만 이번에는 전혀 달랐다. 나만 혼자 앞에서 낑낑대고 수지는 뒤에서 마지못해 끌려오고 있었다. 두 사람이 정반대 편에서 줄다리기로 힘겨루기를 하고 있는 같았다. 움 직이는 데 힘이 들 수밖에 없는 구조였다. 두 사람의 관계가 그렇게 경 직되어있다 보니 나는 늘 무리한 선택을 할 수밖에 없었고 그것이 상황 을 더 악화시키는 식으로 해서 악순환이 계속되고 있었다. 정말이지, 수지는 이 여행의 가장 큰 불확실성이라 할만 했다.

하지만 이번 여행을 힘들게 만드는 가장 근본적인 원인은 바로 나였 다. 이번 여행의 캠핑환경이 지난 여행과 다르다는 점은 출발 전부터 잘 알고 있었다. 수지가 옐로우님과 전혀 다른 사람이라는 사실 역시 모르는 바 아니었다. 진짜 문제는 이 여행의 리더인 내가 바뀐 환경과 구조에 제대로 적응하고 있지 못하다는 데 있었다. 수지의 눈높이에 맞 추어 이 여행을 좀 더 편안하고 안전하게 진행하려는 노력이 부족했고 그녀가 주인의식을 갖고 이 여행에 적극적으로 참여할 수 있도록 동기

부여도 해주지 못했다. 나는 마땅히 해야 할 일들을 게을리 한 채 다른 여행에서와 마찬가지로 그저 짜릿한 모험만 찾아다니고 있었다. 수지의 말처럼 이 여행을 나만의 것으로 만들고 있었다.

긴 산책을 마치고 돌아와 보니 수지는 아직도 잠을 자고 있었다. 어지간히 피곤했던 모양이었다. 그녀를 깨우는 대신 책을 펼쳤다. 이동하지 않는 날이니 서두를 이유가 없었다. 한참 만에 일어난 수지는 텐트 안에 누운 채로 영화를 보았다. 그렇게 오전 시간이 흘러갔다. 우리가 몸을 움직이기 시작한 것은 오후 2시가 넘어서였다. 간단하게 점심식사를 한 후 캠핑장에서 가까운 산으로 트레킹을 나섰다. 2개의 야트막한 산을 오르락내리락 하는 코스였는데 그리 힘들이지 않고도 멋진 전망을 즐길 수 있었다. 오랜만에 운동을 하고 땀을 흘리니 기분이 상쾌했다. 무엇보다 반가운 것은 수지가 웃음을 되찾았다는 거였다. 그녀는 어느 때보다 편안한 표정으로 순간을 즐기고 있었다.

나는 그렇게 하루를 온건히 쉬면서 캠핑여행에서의 1박과 2박의 차이를 체감하게 되었다. 1박은 이동에 더 가깝다. 이를테면 텐트를 숙소로 사용하면서 여행하는 개념이다. 매일 짐을 풀고 싸야 하기 때문에 바쁠 수밖에 없고 마음의 여유는 더더욱 갖기가 힘들다. 반면 2박부터는 캠핑의 색깔이 강하다. 적어도 하루만큼은 이사의 부담으로부터 해방되어 자연을 즐기고 휴식을 취할 수 있기 때문이다. 이런 1박과 2박의 차이는 호텔이나 리조트에서도 마찬가지이긴 하지만 캠핑만큼 극명하게 드러나진 않는다. 직접 몸을 움직여서 집을 만들고 살림을 꾸려나가는 캠핑과 벨보이에게 짐을 맡긴 채 우아하게 객실로 향하는 호텔 체크인과는 하늘과 땅만큼의 거리가 있기 때문이다.

이번 여행에서 이동과 휴식을 균형 있게 가져가는 것은 매우 중요한 문제였다. 지난 번 옐로우님과의 여행에서처럼 계속 1박씩 하면서 움직이면 캠핑의 테마가 희미해지는 것은 물론 너무 피곤해진다. 이번 여행은 기간이 길고 무엇보다 수지와 함께 하고 있다. 휴식이 중요하다. 전체적으로 휴양의 색깔을 띠어야 한다. 그러나 국도를 이용해서 최소한 북알프스까지는 다녀와야 하기 때문에 마냥 여유를 부릴 수도 없다. 움직일 때는 열심히 움직여야 한다. 타이밍 또한 중요하다. 더 아름답고 멋진 자연환경에서 충분한 시간을 가질 수 있으려면 타이밍을 잘 맞추어야 한다. 결국 이것은 이동과 체류가 조화를 이루어야 하는 여행이었다. 말 그대로 '캠핑+여행'이어야 하는 것이다.

혼자 온천을 다녀왔더니 수지가 모닥불을 피우고 있었다. 여행을 시작한 이래 그녀는 하루도 모닥불을 빠뜨린 적이 없었다. 아무리 피곤해도 모닥불을 피우고 나서야 잠이 들곤 했다. 아니, 괴롭고 힘이 들수록 모닥불에 더 집착하는 것처럼 보였다. 왜 그럴까 궁금했었는데 이제야 그 이유를 알 수 있을 것 같았다. 모닥불은 안정의 상징이었다. 모닥불은 먼 옛날 맹수의 위협으로부터 원시인을 지켜주었던 것처럼 어두움과 두려움으로부터 그녀를 지켜주고 있었다. 그녀는 모닥불을 피우면서 마음의 평화를 찾았고 이 여행을 계속해나갈 수 있는 용기를 얻었다. 그런 면에서 모닥불은 그녀의 진정한 친구였다. 모닥불이 타오른다. 밤이 깊어간다. 불안감이 사라지고 안도감이 찾아든다.

일찍 일어나 전날 수지와 함께 걸었던 코스를 혼자서 돌았다. 빠른 걸음 때문에 금세 땀이 났다. 혼자일 때는 다른 사람 신경 쓰지 않고 내가 하고 싶은 대로 할 수 있어서 좋다. 이번 여행에서 우리는 아침과 밤 시간에 혼자만의 시간을 즐기고 있었다. 내가 2시간 먼저 일어나고 수지가 2시간 늦게 잠자리에 들면서 각자 활동하는 시간에 갭이 생겼기 때문이었다. 하지만 그것은 미리 계획된 일은 아니었고 자신의 사이클을 발견하고 또 그것을 충실히 이행하는 과정에서 자연스럽게 벌어진 일이었다. 처음엔 함께 여행하면서 따로 일어나고 잠든다는 것이 다소 어색하게 느껴지기도 했지만 시간이 지날수록 그 차이에서 장점을 발견하고 적극적으로 자기만의 시간을 즐기게 되었다.

부부에게도 각자의 독립성과 프라이버시가 꼭 필요하다는 걸 깨닫게 된 것은 최근의 일이었다. 그 전까지 우리는 거의 한 몸처럼 살았다. 특히 사이트와 카페를 운영하면서 함께 일하게 된 후로는 24시간 붙어 있다시피 했다. 개인의 프라이버시라고는 전혀 없었다. 놀랍게도 우리는 그런 생활에 아무런 문제의식이 없었다. 오히려 늘 함께 있을 수 있어서 다행이라고 생각했다. 하지만 언제부터인가 문제점이 드러나기 시작했다. 우리는 필요 이상으로 서로에게 의존했고 상대방의 자유를 구속했다. 사랑이라는 이름으로 상대방을 소유하려 들었고 권력욕에 사로잡힌 채 상대방을 노예로 만들고 있었다. 그것은 한 인간으로서의 독립성과 자기만의 색깔을 잃어버리면서 생긴 문제였다.

이번 여행에서 두 사람 간의 관계 개선과 새로운 팀워크를 만드는 일보다 더 중요한 것은 각자 자신을 돌아보고 성찰하는 일이었다. 자기 자신을 더 깊게 사랑하고 이해할 수 있을 때 상대방에게도 더 큰 사랑과 이해로 다가설 수 있기 때문이었다. 각자가 한 인간으로서의 존엄성과 자신감을 갖고 당당하게 설 수 있을 때 부부관계 역시 더욱 굳건해질 수 있지 않겠는가. 우리는 이 여행을 통해 각자 자신의 내면 깊숙이 들어가 볼 수 있어야 했다. 자의 혹은 타의에 의해 불가피하게 써야만 했던 겹겹의 가면을 벗고 자기 안의 순수한 영혼을 만날 수 있어야 했다. 그러기 위해서라도 자기 자신에게만 집중할 수 있는, 혼자서 오롯이 자연을 느끼고 상대할 수 있는 시간이 꼭 필요했다.

이제는 떠나야 할 시간이었다. 짐을 꾸려 차에 실은 후 다이센오키 국립공원 구경에 나섰다. 다이센오키 국립공원은 1936년 일본에서 세 번째로 지정된 국립공원으로 돗토리현, 시마네현, 오카야마현의 3개 현에 걸쳐 있다. 그 중심에 있는 1,710m의 다이센 산은 높이는 낮은 편이지만 단순하면서도 신비로운 모습 때문에 작은 후지 산이라는 별명을 갖고 있으며 후지 산, 야리가다케와 함께 일본의 3대 명산으로 일컬어진다. 그렇게 멋진 산을 눈앞에 두고 오르지 못하는 것은 나에게 일종의 고문이었다. 마음 같아서는 나 혼자서라도 산에 오르고 싶었다. 하지만 이 여행의 동반자인 두 사람이 서로 보조를 맞추지 못하고 한없이 삐그덕거리는 상태에서 그것은 너무나 무모한 일이었다.

재미있는 일이 있었다. 전망대를 둘러보고 주차장으로 돌아오는데 사람들이 우리 차를 에워싸고 있었다. 차에 무슨 일이라도 생겼나 해서 달려가보니 아무 일도 아니었다. 그냥 우리 차를 구경하고 있는 거였다. 영어로 'SEOUL'이라고 표기된 차량 번호판과 반대쪽에 있는 운전석, 그리고 독보적으로 더러운 외관-일본인들은 차를 정말 깨끗하게 관리한다-이 그들의 호기심을 자극한 것 같았다. 내가 어설픈 일본어로 한국에서부터 차를 갖고 와서 한 달 동안 캠핑여행을 하고 있다고 설명을 해주자 사람들은 "오~"라는 감탄사를 터뜨리며 엄지손가락을 치켜들었다. 심지어 우리 차를 배경으로 기념촬영을 하는 사람도 있었다. 사람들의 관심 때문이었을까 우리는 적잖이 우쭐해졌다.

대산사를 마지막으로 다음 목표인 돗토리 시를 향했다. 거리가 얼마 안 되고 시간적 여유가 있어서 어느 때보다 마음이 편했다. 중간에 들른 식료품 마트에서 평소보다 오랜 시간을 보낸 것도 그런 이유에서였다. 마트 활용도가 높다는 것은 이번 여행이 갖는 중요한 특징 중 하나였다. 옐로우님과는 마트는 가급적 피하고 들르더라도 필요한 것만 사서 바로 나오곤 했었는데 이번에는 반대였다. 우리는 특별하게 살 게 없어도 마트에 들러서 구경을 하곤 했다. 우리에게 마트란 한마디로 디즈니랜드였다. 그 곳에 있으면 우리의 집이자 고향인 도시에 돌아온 듯한 기분이 들었다. 우리는 그곳에서 문명세계의 풍요로움을 느꼈고 다시 자연 속으로 돌아갈 수 있는 힘과 용기를 얻었다.

음식에 들이는 정성과 노력 역시 큰 차이가 있었다. 옐로우님과 나는 한 번도 밥을 해먹은 적이 없었다. 대부분 도시락이었고 정 뜨거운 밥이 먹고 싶을 때는 햇반을 데워 먹었다. 숯불에 구워먹는 고기가 해먹는 음식의 하이라이트이자 전부였다. 하지만 이번에는 달랐다. 마트에 갈 때마다 다른 재료를 구입했고 식사 때마다 다른 음식들을 해먹고 있었다. 음식의 다양성이라는 측면에서 보면 지난 여행과 비교할 수 없는 수준이었다. 그래서인지 일본 음식에 대한 지식과 요리법도 하루가 다르게 발전하고 있었다. 어떨 때는 일본 음식을 연구하는 스터디 여행을 하고 있는 게 아닌가 하는 착각이 들 정도였다. 수지로 인해 식도락이라는 신세계가 활짝 열린 것이다.

돗토리 현의 가장 유명한 관광지인 사구(모래언덕)에는 시에서 운영하는 캠핑장이 하나 있었다. 론리플래닛을 통해 알게 된 곳이었는데 꽤나 훌륭한 시설과 환경에도 불구하고 무료로 운영되고 있었다. 사구와는 엎어지면 코 닿을 정도로 가까웠고 소나무 숲 분위기도 아늑하고 근사했다. 워낙 유명한 관광지 옆에 있어서 그런지 주말이 아닌데도 텐트가 꽤 많이 보였다. 공터에 캠핑 장비를 설치하고 있는데 근처에서 캠핑을 하고 있던 남자―술 냄새가 많이 났다―가 다가와 뭐라고 떠들었다. 나는 사뭇 긴장을 했다. 보통 일본인들은 남의 일에 거의 참견을 안 하는 편이기 때문이었다. 그것은 꽤나 이례적인 일이었다. 우리를 도와주려는 의도였다는 걸 알게 된 것은 나중 일이었다.

경계심은 우리를 위험으로부터 구출해주는 중요한 생존본능이다. 그것이 없었다면 인간은 이미 오래 전에 멸종했었을 것이다. 경계심이 얼마나 잘 작동되느냐에 우리의 생존이 달려 있다고도 볼 수 있다. 하지만 경계심은 반대로 우리를 더 위험한 상황에 빠뜨릴 수도 있다. 두려움을 일으키고 공격성을 자극하여 별 일 아닌 것을 순식간에 큰 문제로 만들기도 한다. 역사를 보면 미지의 대상에 대한 경계심과 두려움 때문에 불필요한 전쟁이 시작되는 경우를 쉽게 찾아볼 수 있다. 우리가 불확실한 상황에 일부러라도 부딪혀 보아야 하는 이유가 거기에 있다. 경계심과 생존본능이 필요한 순간에 제대로 작동될 수 있도록 평소에 갈고 닦아주어야 하는 것이다.

6.

이른 아침, 캠핑장 주변의 모래언덕을 산책하고 있을 때였다. 갑자기 스스로 수렵생활을 하는 원시인이 된 듯한 상상에 사로잡혔다. 여자는 동굴에 남겨두고 혼자 지역을 정찰하러 나선 원시인. 현대인의 몸 안에는 옛날 길고 긴 시간에 걸쳐 만들어진 원시인으로서의 감각과 본능이 남아 있다고 하는데 매일 아침 나를 깨워 주변을 어슬렁거리게 만드는 힘의 정체가 그것일지도 모른다는 생각이 들었다. 정말이지, 캠핑여행이 시작된 이래 우리의 생활은 원시인의 그것과 크게 다를 것이 없었다. 생존이 유일한 목표이고 잠자고 먹고 걷고 쉬는 게 전부인, 지극히 단순하면서도 동물적인 생활이었다. 또한 우리는 현대인을 규정짓는 시공간과 시스템으로부터 완벽하게 해방되어 있었다.

아침을 먹고 쉬던 중에 모터사이클에 짐을 싣고 떠날 준비를 하던 23살의 다츠야 군과 대화를 나누게 되었다. 이즈 반도에 산다는 그는 일 년에 한두 번은 장기 바이크 투어를 하는데 이번에도 4주간의 일정으로 혼슈과 큐슈를 돌고 있단다. 여행에 필요한 경비는 어떻게 마련하냐고 묻자 주로 편의점 같은 데서 아르바이트를 한단다. 생각보다 비용이 많이 들지 않아서 여행경비를 모으는 건 어려운 일이 아니라고 한다. 여행 중에 잠은 거의 텐트에서 자는데 비용이 아까워서 캠핑장은 잘 안가고 다리 밑이나 공원을 이용하는 경우가 많단다. 위험하지 않냐는 질문에 그는 웃으며 고개를 저었다. 자기 말고도 그렇게 하는 바이크 여행자들이 많아서 재미있고 안전하다는 것이었다.

일본을 다니다보면 모터사이클이나 자전거를 타고 장기여행을 하는 라이더들을 자주 마주칠 수 있다. 텐트와 버너 등 아주 간단한 캠핑 장비를 뒤에 싣고 마음 가는 대로 바람처럼 떠돌아다니는 것이다. 일본은 자체로도 크지만 복잡한 해안선과 다양한 지형 때문에 실제보다 더 큰 규모로 느껴지게 된다. 라이딩은 그런 일본을 구석구석 여행하기에 가장 적합한 방법이라고 할 수 있다. 저렴한 비용으로도 장기여행이 가능하고, 사이즈가 작고 구조가 단순해서 자동차가 못가는 곳도 탐험이 가능하기 때문이다. 오픈된 구조 때문에 환경과 직접 소통하는 재미도 쏠쏠하다. 말이 나왔으니까 이야기지만 안전성이라든지 여러 가지 면에서 일본만큼 라이딩에 이상적인 환경도 없을 것이다.

해안선이 길고 복잡한 일본에는 모래 언덕이 많은 편인데, 2km의 폭에 총 길이는 16km에 이르는 돗토리 사구는 그 중에서도 으뜸이라 할 수 있다. 멋모르고 아무데나 걸어 다녔다가는 진짜 사막에서처럼 길을 잃고 헤매는 경우가 생길 정도다. 또한 넋 놓고 그곳을 걷다가 멀리 지나가는 낙타의 행렬―돈을 받고 관광객을 태워주고 있다―이라도 보게 된다면 사막에서 신기루를 본 사람처럼 자신의 볼을 꼬집게 될지도 모르겠다. 모래언덕 너머로 보이는 바다의 수평선이 그 곳이 진짜 사막이 아니라는 사실을 알려주긴 하겠지만 말이다. 우리는 한동안 사구를 걸으면서 사막체험을 하다가 돗토리 시 중심가로 향했다. 장거리 운전을 하기 전에 점심도 먹고 준비를 하기 위해서였다.

우리는 그날 갈 수 있는 데까지 최대한 달려볼 작정이었다. 다음날 카미코오치에 입성하기 위해서였다. 이 여행은 본래 국도를 타고 느리게 움직이는 것으로 기획되었고 또 그동안 그 원칙을 충실히 따라왔었지만 카미코오치만큼은 하루라도 빨리 가야 하는 이유가 있었다. 1,500m 고도의 분지라는 특성상 추위가 빨리 오고 단풍도 빨라지기 때문이었다. 게다가 11월부터는 아예 입장할 수 없게 된다. 그런 이유로 카미코오치를 생각하면 늘 마음이 급해지곤 했다. 그래서 고속도로 입구가 눈에 띌 때면 원칙이고 뭐고 그냥 바로 카미코오치로 달려갈까 하는 유혹을 느끼곤 했다. 하지만 그것도 이젠 끝이다. 하루만 열심히 달리면 카미코오치 턱 밑까지 접근하게 되기 때문이었다.

먼 길을 가기로 작정한 날은 오히려 마음이 편해진다. 일정에 대한 고민도 필요 없고 해지기 전에 캠핑할 곳을 찾아야 한다는 강박관념에서도 벗어나 그저 달리는 일에만 집중하면 되기 때문이다. 그래서였을까, 수지는 어느 때보다 밝고 명랑해보였다. 그뿐 아니라 지도를 보면서 길을 확인해주는 매퍼 역할도 잘 해주고 있었다. 머리가 아프다는 핑계로 얼마 전까지만 해도 그 일을 기피해오던 그녀였다. 달라진 이유를 묻는 내 질문에 수지는 이렇게 대답했다. "솔직히 말하자면, 이 여행을 하면서 두 가지는 배운 것 같아. 하나는 당장 하늘이 무너질 것 같아도 솟아날 구멍이 늘 있다는 거고 다른 하나는 아직 닥치지 않은 일에 대해 미리 걱정해봐야 아무 소용이 없다는 거야."

나는 그 말에 전율을 느꼈다. 그녀와 나 사이의 깊고 깊은—영원히 극복할 수 없었을 것 같았던– 간극이 사라진 듯한 느낌 때문이었다. 사실 그녀가 한 말은 내가 늘 해오던 이야기였다. 그런데 그 때는 한 귀로 흘려듣고 인정하지 않다가 이 여행을 통해 스스로 깨닫게 된 것이다. 그런 면에서 우리는 이 여행의 가장 근본적인 목표에 다가섰다고도 말할 수 있을 것 같았다. 이것은 자발적으로 불확실성에 부딪히면서 그것에 심신을 단련시키고 더 나아가 친구가 되자는 의미의 여행이었다. 불확실성으로 가득한 미래를 위해 미리 면역력을 키워두자는 의미에서 시작한 여행이었다. 그녀의 말 한마디로 그 목적을 다 이루었다고 할 순 없겠지만 긍정적인 징후가 나타난 것만큼은 분명했다.

하루 종일 달린 끝에 도착한 곳은 북알프스의 하쿠산 국립공원이었다. 시계를 보니 밤 11시, 돗토리를 출발한 지 딱 11시간 만이었다. 가로등도 없이 너무 깜깜해서 지도에 표시된 캠핑장을 찾는 일이 쉽진 않았지만 수지가 적극적으로 도와준 덕분에 결국 그 일을 해낼 수 있었다. 예전처럼 나만 혼자 진땀을 흘리고 수지의 눈치를 봐야 하는 상황이었다면 진작 포기했었을 것이다. 먼 길을 이동하느라 지치고 피곤했지만 나는 어느 때보다 마음이 편하고 행복했다. 이 여행에서 처음으로 수지와 일심동체가 되어 난관을 돌파한 기분이 들어서였다. 산 속으로 들어와서 그런지 공기가 차가웠다. 작은 텐트만 펼치고 마른 장작으로 모닥불을 피웠다. 어둠 속에서 새로운 희망이 피어올랐다.

아침부터 산길을 따라 이동 중이었다. 그날 예정대로 카미코오치에 들어가려면 서둘러야 했다. 카미코오치까지 남은 거리는 200km밖에 안 되지만 대부분의 구간이 심하게 구불거리고 좁은 산길이라 시간이 얼마나 소요될지는 전혀 알 수 없었다. 우리가 산악지역으로 접어든 것은 전날 밤의 일이었다. 일명 북알프스라 부르는 일본 중부의 산악지역에 들어온 것이다. 혼슈의 서쪽 끝을 출발해서 며칠을 달린 끝에 어느덧 일본의 중심에 가까워지고 있었다. 그것은 이제 본격적으로 이 여행의 하이라이트가 시작되는 것을 의미했다. 더 고무적인 것은 수지가 이 여행에 적극적으로 참여하기 시작했다는 거였다. 이제 우리는 명실상부한 파트너로서 함께 이 여행을 이끌어가고 있었다.

보통, 자유라고 하면 아무런 구속 없이 자기 마음대로 할 수 있는 상태를 떠올리기가 쉬운데 반대로 어떤 확실한 목표나 대상에 종속되어 옴짝달싹 못하는 상태의 자유도 있다. 예를 들면 굳게 믿고 있는 종교가 있을 때, 깊은 사랑에 빠졌을 때, 혹은 확실한 목표가 있을 때 갖게 되는 자유 같은 것이다. 그런 자유가 있을 때 우리는 다른 것들에 한 눈을 팔지 않을 수 있으며 불안과 공포로부터 해방될 수 있다. 두려움 없이 앞만 보고 달려갈 수 있다. 그럴 수 있을 때 우리는 평소보다 훨씬 더 큰 힘을 발휘할 수 있고 힘든 일도 견딜 수 있게 된다. 우리 인간이 그토록 쉴 새 없이 새로운 목표를 만들어내고 또 그것에 간절하게 매달리는 것도 그런 힘을 필요로 하기 때문일 것이다.

카미코오치는 우리에게 그런 자유의 힘을 주었다. 그것은 우리 두 사람을 하나로 엮는 힘이었다. 우리는 일단 카미코오치까지만 가면 된다고 생각했다. 거기까지만 가도 성공이라고 믿었다. 만약 카미코오치라는 목표가 없었다면 둘 사이의 반목과 의견 충돌은 한층 더 심했을 것이다. 카미코오치라는 희망이 있었기에 힘들고 괴로운 순간을 견딜 수 있었고 아픈 기억을 잊고 새로운 미래를 향해 힘차게 나아갈 수 있었다. 그런 점에서 카미코오치가 여행의 중반부에 배치된 것은 매우 다행스러운 일이었다. 만약 카미코오치가 이 여행의 시작점에 있었다면 주인공이 초반에 죽어버리는 영화처럼 일찍부터 김이 빠져버렸을 것이고 마지막에 있었다면 그 때까지 견디기가 힘들었을 것이다.

타카야마 시내를 통과하는 동안 나는 감회에 젖었다. 옐로우님과 함께 아침시장에서 커피를 마셨던 게 엊그제 같았기 때문이었다. 타카야마가 더 반가웠던 이유는 그곳이 이번 여행에서 처음 만나는 '아는 곳'이었기 때문이었다. 마치 모르는 사람들만 잔뜩 있는 파티에서 친한 친구를 만난 것 같은 기분이었다. 그 때 나는 깨닫게 되었다. 낯섦에 대한 설레임이 여행을 떠나게 만드는 힘이라면 익숙함에 대한 편안함은 일상으로 돌아오게 만드는 힘이라는 것을. 낯선 곳에 첫발을 내딛거나 새로운 것을 경험할 때의 설레임도 좋지만 익숙한 장소나 시간에서 오는 편안함도 그 못지않게 중요하다는 것을. 우리에겐 그 중 한 가지만으로는 불충분하고 두 가지 모두가 필요하다는 것을.

우리가 히라유에 도착한 것은 해가 뉘엿뉘엿 질 무렵이었다. 또아리를 튼 뱀 모양으로 끝없이 이어지는 산악도로를 통과하느라 많이 지체되었고, 마트에서도 평소보다 오랜 시간을 보내면서—며칠 동안 먹을 식료품을 준비하느라 바빴다— 생각보다 늦어지게 되었다. 카미코오치로 들어오는 마지막 버스를 놓치지 않았던 게 천만 다행이었다. 워낙 짐이 많았던 탓에 캠핑장까지 이동하는 과정도 쉽지가 않았다. 버스를 타고 내릴 때는 몸이 힘든데다가 눈치가 많이 보여 정신적으로도 피곤

했다. 캠핑장으로 이동할 때는 내가 먼저 가서 리어카를 빌려오는 사전 작업이 필요했다. 캠핑장에 도착했을 때는 이미 짙은 어둠이 내린 후였다. 우리는 랜턴을 비추어가며 한참 만에 텐트를 쳤다.

너무 정신이 없었던 나머지 식사를 마치고 나뭇가지를 주워 모닥불을 피운 후에야 드디어 카미코오치에 왔다는 실감이 들기 시작했다. 비록 주변이 너무 어두워서 아무 것도 볼 수 없었지만 사랑하는 사람과 함께 내가 사랑하는 그 곳에 와 있다는 사실 하나만으로도 내 가슴은 즐거움과 행복함으로 충만해지고 있었다. 그렇다. 이것은 내가 오랫동안 상상하고 꿈꾸어왔던 바로 그 장면이다. 지금 나는 그 꿈 안에 들어와 있는 것이다. 이렇게 꿈이 실현되는 순간 우리들의 삶은 보석처럼 반짝거린다. 아무리 힘들고 괴로워도 인생은 분명 살 만한 가치가 있다는 것을 깨닫게 된다. 이런 성취의 경험이 우리로 하여금 일상에 안주하지 않고 새로운 꿈과 모험을 찾아 나서게 만드는 것이다.

7.

인간의 무의식이란 참으로 신기한 것이다. 평소에는 늦잠을 자고, 잠에서 깨어나도 한참동안 비비적거리며 게으름을 피우던 사람이 여행만 떠나면 180도 돌변하여 누가 깨우지 않아도 새벽에 벌떡 일어나 힘차게 하루를 시작하게 되니 말이다. 그렇다면 무의식은 잠자는 동안에도 이미 알고 있는 게 아닐까. 오늘이 나를 행복하게 만들어 줄 날인지, 아니면 스트레스를 주고 괴롭힐 날인지를. 그게 아니라면 여행할 때만

적극적으로 변하는 삶의 태도를 설명할 길이 없다. 그러니까 무의식은 우리에게 이렇게 명령을 내리고 있는 것이다. "뭘 일어나. 더 자. 오늘은 괴로운 일들만 잔뜩 있는 날이라고." 혹은 "이 멍청아. 오늘 재미있는 일들이 얼마나 많을 텐데 아직까지 자빠져 자고 있냐?"

새벽 5시 30분, 다른 날보다도 더 이른 시각에 잠에서 깨어났다. 텐트 바깥으로 나와 보니 뼛속 깊이 한기가 느껴졌다. 동계 캠핑할 때 경험했던 추위였다. 테이블 위에 있었던 접시 물도 꽁꽁 얼어붙어 있었다. 두꺼운 코트를 챙겨 입고 장갑까지 낀 채 밖으로 나섰다. 아직 주변은 어두웠지만 여명과 함께 어두움이 점차 푸른빛으로 바뀌어가고 있었다. 그렇게 이른 새벽에 산책을 나선 건 처음이었다. 카미코오치가 나의 무의식을 자극한 결과이리라. 1년도 훨씬 지난 후의 만남이었지만 마치 그 곳에 계속 머물러 있었던 것처럼 모든 게 친숙했다. 나는 강변에 서서 눈 쌓인 산봉우리에게 인사를 건냈다. "멋진 친구야. 잘 있었니? 내가 돌아왔단다. 이번에는 사랑하는 사람과 함께."

그 시간에 깨어있는 건 나 혼자인 듯했다. 움직이는 건 아무 것도 없었고 세상은 정적에 싸여 있었다. 투명한 소리를 내면서 흐르는 강물만이 시간이 멈춘 게 아니라는 사실을 말해주고 있었다. 카미코오치와는 이번이 세 번째 만남이었다. 2년 전 첫 만남 이후 나는 성지를 향하는 순례자의 마음으로 매년 이곳을 방문해 왔다. 지루한 느낌은 전혀 없었다. 오히려 카미코오치는 점점 더 특별하고 깊이 있는 모습으로 나를 매혹시키고 있었다. 나는 눈을 감았다. 그리고 천천히, 깊게 호흡했다. 청명하고도 차가운 공기가 내 몸 속에서 순환하는 것을 느꼈다. 나는 그렇게 카미코오치와 하나가 되고 있었다. 나는 그 자리에 서서 카미코오치라는 공간이 가진 의미를 탐색해 나가기 시작했다.

카미코오치는 양면성을 가진 공간이다. 높고 뾰족한 산을 겹겹이 두르고 있는 외부는 가장으로서의 권위를 내세우는 아버지처럼 날카롭고 차가운 모습인 반면, 신비로운 자연이 자리 잡고 있는 내부는 자신을 희생하면서 새 생명을 탄생시키는 어머니의 자궁처럼 아늑하고 따뜻한 느낌이다. 이처럼 카미코오치는 차가우면서도 뜨겁고, 폐쇄적이면서도 개방적인 공간이다. 두 극단의 이미지가 한 자리에서 대비와 조화를 이루어지고 있다. 더욱 놀라운 것은 그렇게 전혀 다른 두 개의 세계가 벌레구멍처럼 좁고 어두운 터널에 의해 아슬아슬하게 이어지고 있다는 것이다. 그것은 두 극단이 하나의 가치에서 태어났다는 것을, 하나의 가치로 통합될 수 있음을 상징적으로 보여주는 듯하다.

이를테면 카미코오치는 완벽한 공간이다. 독립적인 우주다. 카미코오치는 외부와 확연히 구분되는 경계를 가진 채 그 안에서 숨 쉬는 생명들에게 자유와 프라이버시라는 이름의 양분을 제공해준다. 그래서 순수함과 아름다움을 지켜갈 수 있게, 자기만의 색깔과 뚜렷한 존재감을 가질 수 있도록 해준다. 이를테면 이곳은 섬이다. 그것도 근해가 아닌 망망대해에 외롭게 떠 있는 섬이다. 사람의 손길이 닿지 않는 바위 위에 홀로 서 있는 소나무처럼 세상의 흐름에 휩쓸리지 않고 자기만의 역사를 만들어가는 고독한 섬이다. 그것이 내가 카미코오치를 사랑하는 이유이다. 색깔이 없거나 희미한 곳이었다면, 외부 세계와 별 차이 없는 곳이었다면 나는 이곳과 사랑에 빠지지 않았을 것이다.

바로 그 때! 내 심신을 강타하는 충격이 있었다. 영혼을 깨우는 울림이 있었다. 나는 깨닫게 되었다. 그동안 내가 찾아 헤매다녔던 '그 무엇', 내 삶을 조정해 왔던 '그 무엇'의 정체를. 아버지로부터 자유와 독립을 쟁취하려는 목적으로 시작한 여행이 뚜렷한 방향성을 갖게 되었던 것은 아름다운 남국의 섬과 리조트를 경험하면서부터였다. 나는 자기만의 독특한 색깔을 가진 섬과 리조트에 깊이 빠져들었다. 대부분 카미코오치처럼 고립된 지형에 외부 세상과 철저히 단절된 느낌이 드는, 오지 같은 곳이었다. 그런 공간을 찾으려는 노력은 내가 캠핑으로 넘어온 후에도 계속되었다. 나는 계속해서 사람들의 발길이 잘 닿지 않는 곳, 자기만의 색깔과 개성을 간직한 곳을 찾아다녔다.

나의 그런 성향이 더 잘 드러난 곳은 아쿠아에서였다. 처음에 오픈할 당시 아쿠아는 지극히 개방적인 구조였다. 생소한 여행문화를 소개하는 취지였으니 그럴 수밖에. 하지만 사이트가 대중화의 길로 들어서면서부터 본격적인 고민이 시작되었다. 상업적인 시각에서 볼 때 아쿠아는 분명 성공의 길로 달려가고 있었지만 나는 뭔가 잘못되고 있는 듯한 느낌을 지울 수가 없었다. 더 정확히 말하자면 공간의 오픈된 구조-외부와 뚜렷한 경계 없이 누구나 쉽게 드나들 수 있게 만들어진-가 영 마음에 들지 않았다. 마치 어색한 옷을 입었을 때처럼 불편하고 답답했다. 하지만 주변의 가까운 사람들조차 이런 내 고민을 이해하지 못했다. 다 잘되고 있는데 도대체 뭐가 문제냐는 식이었다.

고민 끝에 나는 내 본능에 순응하는 길을 선택했다. 아쿠아를 유료 회원제 사이트로 바꾼 것이다. 어떤 공간이 순수한 모습으로 존재하려면 그 공간의 주인-아쿠아의 경우 여행자-으로부터 에너지가 나와야 한다는 이상적인 논리에서 비롯된 결정이었다. 회원은 물론 주변 사람들마저도 그런 식으로 운영하면 당장 망할 거라며 극심하게 반대를 했지만 아무도 나를 말릴 수는 없었다. 오히려 공간을 더 폐쇄적으로 만드는 조치들이 이어졌다. 사이트의 모든 정보를 외부의 검색에 노출되지 않도록 막아버렸고 회원가입을 더 까다롭게 만들었다. 이런 조치들로 사이트는 대중으로부터 점점 더 멀어지게 되었다. 결국 다른 사이트들과 동떨어진, 망망대해에 외롭게 떠있는 섬이 되었다.

말로 하면 별 일 아닌 것 같지만 실제 과정은 매우 치열했다. 자유여행 문화가 창궐하는 소용돌이의 중심에 있던 뜨거운 공간을 오지의 차가운 섬으로 만들어버리는 일이 어찌 쉬울 수 있었겠는가. 모르긴 몰라도 그 반대 방향으로 변화하는 것보다 훨씬 더 어려운 일이었을 것이다. 하지만 가장 견디기 힘들었던 건 내가 나 자신에게 가했던 의심과 자책이었다. 시간이 흐를수록 자신감과 믿음은 약해지고 흔들렸다. 왜 꼭 이래야만 하는 건지, 그래서 결국 무얼 하자는 이야기인지를 나조차도 잘 이해할 수 없었다. 그런 상황에서 다른 누구를 설득할 수 있었겠는가. 사이트보다 더 고립된 건 바로 나 자신이었다. 나는 내가 선택한 어둡고 습한 동굴 속에서 길을 잃고 헤매고 있었다.

그러나 기적 같은 일이 벌어졌다. 이곳 카미코오치에서 내가 꿈꾸던 세상, 내가 창조해내고 싶었던 세계를 만나게 된 것이다. 그것은 완벽하게 독립된 공간만이 만들어낼 수 있는 순수함과 아름다움의 결정체였다. 한 떨기 꽃처럼 연약해보이지만 무엇보다 강인하고 굳건한, 지속성과 생명력을 갖춘 존재였다. 바다처럼 무한한 자유와 태산 같은 존재감이 공존하는 심연의 세계였다. 그것은 내가 그토록 찾아 헤매던 이상향이었다. 유토피아였다. 그로서 나는 나 자신을 이해하게 되었고 내가 걸어온 길의 의미도 알게 되었다. 그리고 더 나아가 나 자신을 위로할 수 있게 되었다. 내가 걸어가고 있는 길의 끝에서 만나게 될 세상을 상상하며 환하게 미소 지을 수 있게 되었기 때문이었다.

호다카다케 산 꼭대기가 붉은 빛에 물들어갔다. 밤새 고독과 추위에 지친 생명들을 위로하려는 듯이. 잠시 후 온 세상을 찬란하게 밝힐 태양이 떠오를 거라는 사실을 모두에게 알려주려는 듯이. 나는 다시 한 번 눈을 감았다. 그리고 소원을 빌었다. 세상 모든 것을 삼킬 듯 달려드는 저 거대한 파도를 거스를 수 있는 힘과 용기를 갖게 되기를. 짙은 안개 속에서도 내가 원하는 길을 찾아갈 수 있는 눈과 지혜를 갖게 되기를. 그래서 카미코오치가 나에게 그랬던 것처럼, 내가 만든 공간이 누군가에게 자신을 이해하고 위로하는 기회를 제공하게 되기를. 높고 두터운 현실의 벽을 훌쩍 뛰어넘을 수 있게 만들어주기를. 그 순간 새벽 공기를 머금은 차가운 눈물이 두 뺨을 타고 흘러내렸다.

8.

카미코오치에서 보낸 나흘을 시간 순으로 늘어놓는 건 쓰는 사람이나 읽는 사람에게 너무 가혹한 일이라는 생각이 든다. 비슷비슷한 하루하루였기 때문이다. 동틀 무렵 일어나 혼자 산책을 하고, 수지를 깨워 늦은 아침을 먹고, 오후엔 함께 두세 시간 정도 트레킹을 하고, 저녁 식사 후에는 모닥불 앞에서 대화를 나누고, 나는 잠을 자고 수지는 계속 맥주를 마시고… 이런 패턴의 반복이었다. 시간 순으로 보고하기에는 너무나 단순하고 평화로운 무위의 시간이었다. 갑자기 너무 조용하고 차분해져서 여행이 끝나고 일상으로 돌아온 것 같은, 한국에서 주말 캠핑을 하고 있는 게 아닌가 하는 착각이 들 정도였다. 그래서 이번에는 의미를 갖는 일들을 중심으로 이야기를 풀어가 보겠다.

카미코오치에 있는 동안 나는 이상한 꿈을 꾸었다. 말하기도 낯 뜨거울 정도로 탐욕적이고 외설적인 꿈이었다. 물론 전에도 그런 적은 있었지만 그렇게 비슷한 꿈을 연속적으로 꾼 경우는 처음이었다. 나는 죄의식과 좌절감을 느꼈다. 그동안의 노력에도 불구하고 속마음은 여전히 원초적인 욕망에 사로잡혀 있는 듯한 기분이 들었기 때문이었다. 하지만 가만히 생각해보니 꼭 나쁘게 볼 일도 아닌 듯 했다. 성직자도 아니고 세속적인 삶을 사는 사람인 내가 어떻게 모든 욕망을 깨끗이 떨쳐버릴 수 있겠는가. 겉으로는 사라진 것 같아도 무의식 어딘가에 숨어서 호시탐탐 기회를 엿보고 있었을 것이다. 그렇게 잠재되어 있었던 욕망들이 자연의 기운을 받아 한꺼번에 튀어나온 것이리라.

도시가 인간의 이성이 만든 문명 세계라면 자연은 우리 내면의 무의식과 닮은 원초적인 본능의 세계이다. 자연 속에서 머무는 시간이 길수록 본능적인 욕망과 무의식이 강해지고 활발해지는 것도 그런 이유에서이다. 나처럼 이상한 꿈을 꾼다든지 평소 안하던 이상한 말과 행동을 하거나 실수를 저지르는 것도 드문 일은 아니다. 심한 경우에는 몽유병 증세가 나타나기도 한다. 이런 일들은 당사자에겐 기분 좋은 경험일리 없겠지만 다른 한 편으로는 몸과 마음을 바로잡을 수 있는 좋은 기회가 될 수도 있다. 숨겨졌던 욕망을 인지함으로써 의식적으로 그것을 경계할 수 있고 보다 근본적으로는 욕망의 근원을 해소시킴으로써 무의식의 집착과 스트레스로부터 벗어날 수 있는 것이다.

그것이 치유의 과정이라는 것을 증명이라도 하듯 나는 하루가 다르게 건강해지고 있었다. 재미있는 건 사육당하는 돼지처럼 음식을 마구 먹고 있는데도 살이 빠지고 있다는 거였다. 워낙 몸을 많이 움직이는데다가 야외에서 열량 소비가 많은 탓이었다. '여행도 즐기고 살도 빼고!'라는 모토로 다이어트 프로그램을 만들어도 좋겠다는 생각이 들었다. 얼굴도 확실히 달라져 있었다. 초반에 찍은 사진을 보면 표정이 상당히 경직되어 있었는데 카미코오치에서 찍은 사진을 보면 대부분 환하게 웃고 있었다. 카메라 앞에서 억지로 웃은 게 아니라—다른 사람은 몰라도 자기는 안다— 자연스러운 미소와 웃음이었다. 삶의 질과 행복 추구에 있어서 환경과 생활습관은 얼마나 중요한 것인가!

트레킹은 하루 중 가장 중요한 행사였다. 하루가 다루게 좋아지는 건강과 체력 덕분에 거리도 점점 늘어나 마지막 날에는 왕복 6시간을 걸었다. 걷기 싫어하는 수지에게는 정말 의미 있는 성과였다. 우리가 걷기에 취미를 붙인 것은 망원 시장에 다니면서부터였다. 그 전까지는 가까운 거리라도 꼭 차를 끌고 나가곤 했다. 정말 여간해서 걷는 일이 없었다. 돌이켜 생각해보면 참으로 안일하고도 위태로운 삶이었다. 어떻게 가장 기본적인 운동조차 안하고 살았었을까? 그런 사람이 어떻게 대외적으로 삶의 질과 여유를 떠벌릴 수 있었던 걸까? 하지만 후회하지 않는다. 그런 시기가 있었기에 두 사람이 손을 잡고 함께 걷는 지금 이 순간이 더 값지게 느껴지는 것 아니겠는가!

일전에 자동차 때문에 주목을 받았던 적이 있었는데 카미코오치에서도 비슷한 일이 있었다. 이번에는 텐트 때문이었다. 카미코오치에서 캠핑을 하는 사람들은 대부분 등산 목적이라 1,2인용 소형 텐트를 사용하고 있었다. 덕분에 우리가 사용하는 트랜스 타프—타프라기보다는 리빙쉘의 구조다—가 더 크고 도드라져 보일 수밖에 없었다. 그래서인지 우리 텐트를 신기해하면서 쳐다보거나 말을 거는 사람들이 꽤 많았다. 한 번은 인근 호텔에 묵고 있는 가족들이 찾아와서 내부를 보여준 적도 있었다. 초롱초롱한 눈망울로 이것저것 물어보는 사람들을 보면서 나는 2년 전 카미코오치에서 만났던 켄터키 할아버지를 머릿속에 떠올렸다. 이제 내가 그와 비슷한 역할을 하고 있지 않은가!

카미코오치는 들어오기도 어렵지만 체류하기는 더 힘들다. 호텔과 산장이 몇 개 있긴 하지만 객실이 제한적이고 가격이 살인적이다. 가격 면에서, 모르긴 몰라도, 일본 최고 수준일 것이다. 당일로 다녀가는 사람이 훨씬 많은 것도 그런 이유이다. 그런 상황에서 캠핑은 훌륭한 대안이 될 수 있다. 우선 가격이 비교할 수 없을 정도로 저렴하고 예약도 필요 없다. 자연을 늘 가까이 할 수 있다는 것도 큰 장점이다. 물론 애로사항도 많다. 다른 캠핑장과 다르게 자기 차를 갖고 올 수 없고 마트도 없어서 불편하다. 하지만 만약 그런 불편함마저 없었다면 카미코오치의 캠핑장은 늘 북새통에 지금처럼 여유로운 캠핑은 꿈도 못 꾸었을 것이니 오히려 그런 조건에 감사해야 할지도 모른다.

친구도 사귀었다. 도쿄의 같은 빌라에 살면서 친해졌다는 알렉스라는 독일인과 아키히로라는 일본인이었다. 알렉스는 토쿄 대학에서 연구원으로 있는데 독일도 돌아가기 전에 꼭 와보고 싶었던 카미코오치에서 캠핑을 하게 되서 너무 행복하단다. 아키히로는 학창시절에 세계 여행도 하고 HIS 여행사에 취업할 정도로 여행 마니아였는데 5년 전에 부동산 회사로 직장을 옮기면서 여행과 멀어지게 되었단다. 아 글쎄 이번이 5년만의 첫 여행이란다. 어떻게 그렇게 오래 여행을 잊고 살 수 있냐고 묻자 자기도 모르겠단다. 그냥 아무 생각 없이 일속에 파묻혀 지냈단다. 아키히로는 이번 여행을 계기로 다시 자신의 예전 모습—밝고 용감한—으로 돌아갈 거라며 각오를 다지는 모습이었다.

다음날 그들을 초대해 점심식사를 함께 했다. 밥과 몇 가지 반찬에 즉석 부침개뿐인 간단한 식사였지만 이틀 동안 라면과 인스턴트 음식으로만 끼니를 때웠던 사람들에게는 더없는 진수성찬이었을 것이다. 알렉스와 아키히로는 연신 감탄을 하면서 음식을 게 눈 감추듯 먹어치웠다. 애초에 다른 사람을 초대하는 식사 계획을 탐탁지 않게 생각했었던 수지였지만 그들의 그런 모습에 마음이 약해졌는지 계속 음식을 내왔다. 식사 초대라는 건 늘 부담되고 어려운 일이지만 캠핑장에서는 해볼 만한 일인 것 같다. 잘 차려야 한다는 부담감도 없고 대부분의 경우 무엇을 내주든 맛있게 먹을 테니 말이다. 아름다운 환경 덕분에 더없이 자연스러운 분위기가 연출된다는 것도 큰 장점이다.

알렉스와 아키히로와의 만남은 신선한 경험이었다. 그간 캠핑여행을 하는 동안에 다른 사람과 그렇게 많은 이야기를 나누고 친해진 건 그게 처음이었다. 이제 우리도 다른 캠퍼에게 관심을 가질 수 있을 만큼 여유가 생긴 것일까? 아니면 캠퍼로서의 정체성이 확립되면서 우리와 비슷한 사람들을 만나고 싶었던 것일까? 그것도 아니면 여행이 점점 일상화되면서 새로운 자극을 원하게 된 것일까? 아무튼 앞으로 기회가 오면 새로운 친구를 사귀어보는 것도 나쁘지 않을 것 같았다. 우리처럼 자연을 사랑하고 캠핑을 즐기는 친구를 사귀게 되면 여행도 삶도 더 즐겁고 재미있어지지 않겠는가? 그런 생각을 하고 있노라니 벌써부터 앞으로 만나게 될 사람들이 궁금해지는 것이었다.

1.

유목민. 나는 유목민의 삶과 문화가 궁금했다. 그것은 단순한 호기심이 아니라 내 안에 유목민의 피가 흐르고 있다는 자각에서 비롯된 관심이었다. 내가 가진 유목민적 성향은 '집'과 '살림'을 철저히 거부해온 삶의 궤적에서 가장 잘 드러난다. 나는 집을 가져본 적도, 살림을 차려본 적도 없다. 총각 때는 해외를 떠돌아다녔고 결혼 후에는 미국으로 도망을 갔다. 다시 한국에 돌아온 후에는 카페에서 먹고 자고 생활하면서 안정된 삶을 꾸리라는 주변의 압력에 저항했다. 돌이켜보면 나에게는 어딘가에 정착하고 안주하는 것에 대한 원초적인 두려움이 있었던 것 같다. 그런 내가 한 곳에 정착하지 않고 평생을 돌아다니면서 사는 유목민에게 동질감을 느낀 것도 이상한 일은 아니리라.

내 관심은 단지 유목민을 이해하는 데 그치지 않고 지금 우리가 살고 있는 현대, 그리고 나에게 맞는 유목민적 삶을 고민하는 데에까지 미쳤다. 나는 전통적인 유목민의 삶과 문화를 현대인의 눈높이에서 재해석함으로써 이 시대에 어울릴 만한 새로운 모델을 창조하고 싶었다. 이유는 간단했다. 기왕 유목민으로서 살 거라면 제대로 살아보고 싶기 때문이었다. 나를 이상주의자나 사회부적응자로 치부하는 사람들의 시선을 극복하고 유목민으로서의 자부심과 보람을 느끼며 살고 싶었다. 내가 유목민의 가장 근본적인 가치에 주목했던 것도 그런 이유에서였다. 미래지향적인 모델을 만들기 위해서는 시대가 바뀌어도 변하지 않는 가치를 찾는 작업이 필수적이라고 생각했기 때문이었다.

그것은 크게 세 가지로 정리할 수 있다. 첫째, 유목민은 이분법적이고 해체적인 논리에서 벗어나 모든 것을 하나로 통합한다. 그들에겐 삶과 여행의 구분이 없다. 고향과 타지의 구분도, 일과 놀이의 경계도 없다. 영역을 나누는 경계가 아예 없거나 있어도 너무 희미해서 구분이 무의미하다. 삶이라는 용광로 안에서 모든 것들이 하나로 녹아드는 것이다. 가치를 분리하고 세분화하는 데 익숙한 현대인으로서는 너무나 비합리적이고 비효율적인 삶이다. 상상하는 것조차 어려운 삶이다. 하지만 그것은 반대로 가장 이상적인 삶의 형태다. 모든 것이 하나로 융합되는 과정에서 강한 에너지가 나오기 때문이다. 그것이 유목민을 유목민이게 만드는 힘, 그들의 거친 삶을 지탱하는 힘이다.

둘째, 유목민은 이동과 정착을 반복하면서 순환적이고 지속가능한 삶을 영위한다. 이동이 들숨이라면 정착은 날숨이다. 모든 생명이 호흡을 통해 생명을 유지하듯 유목민들은 긴장과 이완의 반복을 통해 강인함을 기르고 삶에 필요한 에너지를 얻는다. 이동은 자칫하면 지루하고 느슨해질 수 있는 삶에 긴장감과 신선함을 부여하며 정착은 이동의 스트레스와 피로를 이완시키고 심신의 안정을 가져다준다. 두 가지가 순차적으로 반복되면서 그들의 삶은 완벽한 균형을 이루게 된다. 또한 그것은 유목민들이 환경과 소통하고 존재하는 방식이기도 하다. 유목민들로 인해 그들을 둘러싼 환경 역시 긴장과 이완을 반복하게 됨으로써 인간과 환경은 함께 순환하고 함께 지속가능해진다.

셋째, 유목민은 인간과 생명을 수단화하지 않고 존재로서의 가치와 존엄성을 지키는 삶을 산다. 유목민은 인위적으로 뭔가를 해내려고 애쓰지 않는다. 거창한 무언가가 되려고 노력하지도 않는다. 충분한 시간을 갖고 자연스럽게 움직이면서 자신이 갖고 있는 색깔과 본질에 조금씩 가까워지는 삶을 산다. 현대인들이 "Just do it!"이라는 광고 문구처럼 뭔가를 함으로써 가치를 갖게 되는 존재라면 유목민은 존재함으로써 그 가치를 획득한다. 같은 식으로 표현하자면 "Just be it!"이다. 유목민에게 삶의 가치는 생명과 존재 그 자체이지, 그 사람이 만든 제품이나 스펙에 의해 결정되지 않는다. 그들이 탐욕이나 집착, 불안으로부터 자유로운 삶을 살 수 있는 것도 그런 이유에서이다.

그동안 나는 꾸준하게 이런 가치들을 내 삶에 적용해왔다. 특히 옐로우님과의 여행 후에 나에게 벌어졌던 변화는 유목민적인 삶을 위한 준비 작업이라고 볼 수 있었다. 나는 운동과 독서를 통해 몸과 마음을 강인하게 만들었고 내 삶에서 덜 중요하다고 생각되는 것들—주로 의무적으로 하던 일들이었다—을 제거하는 작업을 통해 가볍고 간결한 삶의 형태를 만들어갔다. 그리고 어느 정도 준비가 되었다고 느꼈을 때

나는 이 여행을 계획했다. 이것은 분명히 유목민적 삶을 모티브로 하는 여행이었다. 집의 상징인 텐트를 갖고 다닌다는 점이 그랬고 이동과 정착을 반복하고 있다는 점도 그랬다. 나는 이 여행을 통해 그 어느 때보다 유목민의 삶에 가까워졌다는 것을 느끼고 있었다.

카미코오치를 떠나는 날이었다. 아침부터 마음이 싱숭생숭했다. 처음엔 카미코오치를 떠나는 아쉬움 때문인 줄로만 알았는데 다른 이유가 있었다. 어렵게 구축한 안정적인 생활을 스스로 파괴해야 하는 상황 때문이었다. 카미코오치를 벗어나는 순간 다시 불확실한 환경으로 돌아가 좌충우돌하면서 고생해야 한다는 걸 잘 알고 있었기에 그 곳에서 더 머물면서 평화로운 생활을 계속 영위하고 싶은 욕망에 사로잡혔던 것이다. 그런 심경의 변화를 겪으면서 나는 유목민들을 더 깊이 이해하게 되었다. 이동을 앞둔 유목민들에게도 분명 이런 마음이 있었을 것이다. 계속 머물려는 관성의 힘에 굴복하고 싶었을 것이다. 하지만 강한 정신력으로 그런 유혹을 뿌리치고 길을 떠나는 것이다.

어렵게 마음을 다잡고 카미코오치를 떠났다. 히라유에 도착해서 오랜만에 우리 차에 몸을 실으니 이제는 카미코오치에서 보낸 시간이 거짓말처럼 느껴졌다. 일장춘몽에서 깨어나 현실세계로 돌아온 느낌이라고 할까. 아침만 해도 계속 머물고 싶은 마음뿐이었는데 한 번 몸을 움직이니까 금세 또 적응하는 듯 했다. 유료터널 대신 험한 산길로 악명 높은 국도를 탔다. 시간은 많이 걸렸지만 대신 멋진 단풍과 경치를 선물로 받게 되었다. 다시 1시간을 이동하여 목표로 했던 노리쿠라 고원에 도착했다. 노리쿠라 고원은 카미코오치에 비해 훨씬 접근성이 좋은, 개방적인 구조의 고원으로 휴양지로도 유명하다. 그 중심에 위치한 마을은 동화책에서 봄직한 아기자기한 모습을 하고 있었다.

아침부터 날씨가 꾸물꾸물하더니 오후 들어 계속 비가 내리고 있었다. 우리는 캠핑을 하는 대신 숙소에서 묵기로 했다. 비도 오고 날씨도 추운데다가 기분도 우울했기 때문이었다. 첫날 하기 시에서의 완벽했던 캠핑 직후에 슬럼프를 겪었던 것처럼 카미코오치에서 나온 후 우리는 심각한 무기력 증상을 겪고 있었다. 아름다운 경치를 봐도 시큰둥했고 아무 것도 하고 싶지 않았다. 그런 날 무리하게 캠핑을 하면 서로 싸우게 되거나 분위기가 더 다운될 게 분명했다. 우리는 고원 마을에서 8km 정도 떨어진 곳에 위치한 시라호네 온천으로 향했다. 론리플래닛의 설명에 의하면 '우유 빛깔 유황온천에서 세 번 목욕을 하면 일 년 동안 감기가 안 걸릴 정도로 물이 좋다'는 마을이었다.

8km라고 해서 금방일줄 같았는데 그렇게 쉽지가 않았다. 첩첩산중에 콕 박혀 있는 절묘한 위치 때문이었다. 정말 이런 곳에 사람들이 살고 있을까 싶은, 깊고 깊은 골짜기에 거짓말처럼 마을이 있었다. 때마침 낙석 사고로 반대쪽에서 마을로 들어오는 길이 끊겨 있어서 고립감이 대단했다. 마치 세상의 끝에 온 듯한 느낌이었다. 마을의 모습도 인상적이었다. 계곡에는 엄청난 물이 쉴 새 없이 쏟아지고 있었고 크고 작은 온천 건물들이 계곡 양쪽의 산비탈을 따라 포진해 있었다. 캠핑의 대안으로 우연히 선택한 것 치고는 너무나 마음에 드는 곳이었다. 안내소에 문의를 해보니 조식 포함 일인당 6천엔에 묵을 수 있는 료칸이 있었다. 거기 묵자는 내 말에 수지는 놀란 표정을 지었다.

사실 일인당 6천엔은 료칸 치고는 꽤 저렴한 가격이었다. 예전에 우리가 묵었던 료칸들은 대부분 1만엔 이상이었다. 그런데 텐트에서 자고 음식도 해먹는, 한 마디로 돈이 별로 안 드는 저렴한 여행을 하다 보니 6천엔이라는 숙박비가 상당한 비용으로 느껴졌던 것이다. 오늘 밤은 럭셔리한 숙소에서 자게 되었다며 어린아이처럼 좋아하는 수지의 모습을 보니 귀엽기도 하고 한편으로 미안한 마음도 들었다. 이 여행이 얼마나 고됐으면 저럴까 싶어서. 안내소에서 받은 지도는 우리를 가장 높은 곳에 위치한 료칸에 데려다 주었다. 계곡물 소리와 온천의 유황 냄새가 주차장에서부터 진동했다. 건물 앞에는 머리가 훌렁 벗겨진 한 남자가 우리를 기다리고 있었다. 후루사토 씨였다.

그는 목소리와 몸동작에서 상냥함과 깐깐함이 동시에 드러나는, 60대 초반의 전형적인 일본 노인이었다. 원래 호기심이 강한 건지, 아니면 우리가 많이 신기해보였는지 그는 체크인도 미룬 채 우리에게 이것저것 물어보았다. 나는 후르사토 씨에게 우리가 하는 여행에 대해 간략하게 설명해주었다. 내 이야기를 다 들은 후루사토 씨는 눈을 휘둥그레 뜨고는 감탄하듯이 말했다. "당신들, 엄청난 부자인가 보군요." 나는 크게 웃음을 터뜨리려고 하다가 후루토사 씨의 진지한 표정을 보고는 금세 멈췄다. 농담이 아니었던 것이다. 나는 어깨를 살짝 들어 올리며 이렇게 말했다. "저희들은 집도 없는 가난뱅이예요. 부자란 이런 료칸을 가진 사람에게 더 어울리는 단어죠."

후루사토 씨는 내 말을 듣더니 씁쓸한 표정으로 고개를 가로저었다. "내 소유는 맞아요. 하지만 나는 당신처럼 여행을 할 여유가 없어요."

그 이유를 묻자 이렇게 답했다. "누군가 여길 지켜야 하는데 대체할 사람이 없어요. 사람을 구하려면 비용이 너무 많이 들어요." 순간 어떤 말이 목까지 올라오는 것을 꾹 참았다. 처음 만난 사이에다가 말도 잘 안 통하는 상태에서 혹시라도 오해가 생길 것 같아서였다. 대화가 끝나자 후르사토 씨는 욕탕과 방을 보여주었다. 시설은 매우 소박했다. 공동 화장실에 온천 시설도 협소했다. 하지만 열흘을 밖에서 보낸 우리에게 그곳은 천국이나 마찬가지였다. 우리는 지붕이 있고 벽이 있는 객실이라는 공간에 놀랐고, 푹신푹신한 이불에 감격했다.

나는 뜨거운 욕탕에 몸을 담근 채 후르사토 씨와 나눈 대화를 떠올렸다. 후르사토 씨가 나보다 돈이 많은 건 확실했다. 그가 운영하는 료칸은 고급은 아니지만 그래도 비용으로 환산하면 꽤 큰 금액일 것이다. 내게는 그것과 비교할 만한 재산이 없었다. 저 찌그러지고 털털거리는 승용차만 봐도 알 것이다. 그런데도 후루사토 씨는 나를 부자라고 불렀다. 단지 긴 여행을 하고 있다는 이유 하나만으로 그는 나를 자기보다 부자라고 생각하고 있었다. 가만히 생각해보니 실제로 그가 이 료칸을 벗어날 수 없는 한, 자기의 재산을 사용할 기회가 없는 한 그것은 맞는 말일 수도 있을 것 같았다. 즉 물질이나 재산이 아닌 시간과 여유라는 측면에서 보면 내가 그보다 더 부자라는 게 분명했다.

사실 난 후르사토 씨의 사정을 누구보다 더 잘 이해할 수 있었다. 불과 얼마 전까지만 해도 나 역시 그와 비슷한 처지에 있었기 때문이었다. 2년 전 옐로우님과 캠핑여행을 떠나지 않았다면, 그 때 카미코오치에서 KFC 할아버지를 만나지 않았다면 아직도 워커홀릭으로 살고 있었을 지도 모른다. 그것은 결국 돈이나 일이라는 삶의 수단이 자유와 행복이라는 삶의 의미를 압도할 때, 즉 수단과 목적이 서로 바뀔 때 벌어지는 문제였다. 삶에서 가장 중요한 가치의 순서가 뒤엉켜 있거나 설정이 제대로 안 되어있을 때 생기는 문제였다. 그것은 분명 철학의 문제였다. 내가 후루사토 씨에게 물어보려던 말은 이것이었다. "만약 한 달 후에 지구가 멸망하게 된다면, 그 때는 어떻게 하실 건가요?"

2.

아침에 깨어보니 빗소리가 요란했다. 전날에 이어 계속 비가 내리고 있었다. 아침식사를 하면서 후루사토 씨에게 날씨를 물어보니 태풍 때문에 앞으로 이틀간 계속 비가 내릴 거란다. 그러면 캠핑은 어떻게 하지? 계속 숙소에서 묵어야 하나? 이런저런 걱정에 마음이 싱숭생숭해졌다. 딱 하루 숙소를 이용했을 뿐인데 벌써 거기 익숙해져서 마음이 약해진 것 같았다. 편안함과 쾌적함에 대한 인간의 적응은 얼마나 빠른 것인지! 식사 후에 수지와 함께 동네 산책에 나섰다. 다양한 색깔로 치장한 아름다운 단풍과 산과 마을 위로 뭉실뭉실 피어오르는 물안개가 몽환적인 분위기를 연출하고 있었다. 매일 걷던 환경과 달라서인지 고즈넉한 온천마을에서의 산책은 색다른 느낌으로 다가왔다.

후르사토 씨의 환송을 받으며 온천을 떠났다. 노리쿠라 고원에 도착했지만 소나기가 퍼붓고 있어서 별로 할 게 없었다. 아쉬운 대로 차로 움직이면서 고원 마을을 둘러보았다. 고도가 높은 곳이라면 보통 산이

나 계곡처럼 험한 지형을 떠올리게 되지만 고원은 평지처럼 편평하다. 일부러 신경 쓰지 않는다면 고지대에 있는 줄도 모르기가 십상이다. 하지만 고원은 서늘한 기후에 청명한 하늘 등 저지대와는 다른 특징을 갖는다. 생태계도 많이 다르다. 산처럼 고도가 높으면서도 생물들이 살아가기 편안한 환경을 제공해준다는 점이야말로 고원이 갖는 가장 큰 특징이자 가치일 것이다. 인간으로 비유하자면 높은 정신세계와 자비로움으로 대중을 구원했던 위인을 상징하는 듯하다.

북알프스를 벗어나 마츠모토 시로 접어들 때였다. 수지와 나는 시골에서 막 상경한 사람들처럼 눈앞에 펼쳐지는 도시의 위용에 감탄사를 터뜨렸다. 오랜만에 도시에 들어설 때면 늘 그렇듯 회전초밥 집에 들렀다. 다양하고도 먹음직스러운 초밥을 담은 접시들이 꼬불꼬불한 컨베이어 벨트에 실려 차례로 눈앞을 지나가는 회전초밥집의 풍경에는 우리같이 깊은 산 속에 있다가 지금 막 내려온 사람들의 가슴을 뭉클하게 만드는 무언가가 있었다. 재료의 신선함이나 음식으로서의 퀄러티 면에서 프랜차이즈 회전초밥집과 제대로 된 초밥집 사이에 큰 차이가 있겠지만 누구나 마음 편하게 초밥을 실컷 먹을 수 있다는 사실 하나만으로도 회전초밥집은 존재가치가 충분한 게 아닐까?

오후엔 다른 도시가 우리를 기다리고 있었다. 인터넷에 꼭 접속해야 할 일이 있어서 원래 목표인 하쿠바 대신 나가노 시를 먼저 들른 것이다. 일본은 한국과 비교하면 인터넷 환경이 좋지 않은 편인데 나가노 현의 주도인 나가노 시도 사정은 마찬가지였다. 심지어 스타벅스 같은 곳마저도 무선 인터넷을 제공하지 않았다. 여기저기 묻고 다닌 끝에 역

앞에 있는 피씨방을 겨우 찾을 수 있었다. 그렇게 해서 급한 불은 껐지만 이번엔 잠자리가 문제였다. 원래 계획대로라면 하쿠바로 가야겠지만 이미 깜깜해진데다가 비도 많이 오고 있었다. 수지는 안전하게 나가노 시에서 자고 다음날 이동하길 원했다. 나는 마음은 내키지 않았지만 그녀의 의견에 따르기로 하고 호텔을 찾아 나섰다.

문제는 우연히 'HAKUBA'라고 표기된 표지판을 발견하면서 시작되었다. 잠시 뒤 정신을 차려보니 나는 이미 하쿠바로 가는 도로 위에 있었다. 무의식중에 그 쪽으로 핸들을 돌렸던 것이다. 수지에게는 도심보다는 외곽의 숙소가 좋지 않겠냐는 식으로 핑계를 댔다. 하지만 숙소는 코빼기도 볼 수 없었다. 나는 이번에는 40km밖에 안 되는 거리니까 금방 도착할 거라는 말로 얼버무린 채 계속 하쿠바로 내달렸다. 그러나 그것 역시 나만의 착각이었다. 탁 트인 직선도로는 금세 꼬불꼬불한 산길로 바뀌었고 이게 길이 맞나 싶게 좁은 도로가 계속 나타났다. 설상가상으로 비가 너무 많이 내려서 한치 앞도 분간할 수가 없었다. 우리는 그야말로 거북이걸음으로 힘겹게 산을 넘어갔다.

하쿠바로 가는 동안-2시간이 넘게 걸렸다- 수지가 어떤 기분이었을 지는 독자 여러분도 충분히 짐작할 수 있으리라. 상대 말을 따르는 척 하다가 결정적인 순간에 자기 마음대로 독단적으로 결정하는 사람 옆에 앉아서, 깜깜한 한밤중에 그것도 천둥번개가 치는 산길을 위험천만하게 넘어가는 상황에서 평정심을 유지할 수 있는 사람이 과연 몇이나 있겠는가. 그건 모든 걸 용서하라고 가르쳤던 성인들에게도 어려운 일이었으리라. 나는 그야말로 바늘방석에 앉아있는 것 같았다. 수지가 차라리 화를 내면 좋겠는데 아무 말도 안하고 계속 한숨만 푹푹 쉬고 있어서—더 정확히 표현하자면 치밀어 오르는 분노를 계속 안으로 삭히면서 축적하는 모습이라서— 더 불안해질 수밖에 없었다.

하쿠바에 도착해서도 상황은 여전히 좋지 않았다. 장대비 때문에 어디가 어딘지 알 수가 없었고 거리에는 쥐새끼 한 마리도 보이질 않았다. 나는 급한 김에 24시간 운영하는 프랜차이즈 음식점에 들려 숙소에 대해 물었다. 카운터의 여직원은 깜짝 놀라더니—아마도 식당이 오픈한 이래 무턱대고 들어와 숙소에 대해 물은 사람은 내가 처음이었지 싶다— 매니저로 보이는 남자를 불러왔다. 그런데 이 남자가 완전 천사표였다. 그는 어딘가에 전화를 걸더니 자기가 아는 사람이 운영하는 펜션에 방이 있다며 그곳의 지도를 그려주었다. 그래도 안심이 안 되었는지 막 출발하는 우리 차를 막아섰다. 자기가 앞장 설 테니 차를 따라오라는 것이었다. 길고 험난했던 밤은 그렇게 막을 내렸다.

눈을 떠보니 창문을 감싼 흰색 커튼이 아침 햇살을 받아 보석처럼 빛나고 있었다. 지난 밤에 정말 그렇게 폭우가 쏟아졌던 게 맞나 의심이 들 정도로 너무나 화창한 날씨였다. 여느 때처럼 혼자 산책을 나섰다. 전날 밤의 악몽이 머릿속에 떠오른 건 몇 걸음도 채 걷지 않아서였다. 수지에게는 그녀의 말대로 나가노에서 숙소를 찾겠노라고 약속을 해놓고 실제로는 하쿠바 방향으로 차를 몰았던 나의 행동은 명백하게 머리와 몸이 따로 놀았던, 이른바 이중 자아나 정신분열증의 케이스였다. 그것은 내 이성이 무의식과 본능을 통제하고 있지 못하다는 것을 보여준 예였다. 또한 그것은 내 감정과 욕구에 솔직하지 못한 채 무조건 주변 여건과 타인의 의견에 맞추려다가 벌어진 문제였다.

과거에 이 문제가 훨씬 더 심각했던 적이 있었다. 자유롭고 싶은 욕망을 철저히 외면한 채 전형적인 워커홀릭의 삶을 살고 있을 때였다. 이성의 힘으로 본능과 무의식을 무조건 억누르던 시기였다. 당시 나는 겉으로 봐선 아무런 문제가 없었다. 하지만 다른 사람들의 눈으로부터 벗어나 혼자가 될 때면 180도 다른 사람으로 변하곤 했다. 이성의 억압과 왜곡으로 흉측하게 일그러진 괴물의 형상을 한 욕망이 무의식의 심연으로부터 탈출하여 의식의 표면에 그 모습을 드러냈던 것이다. 나는 내 안의 괴물을 마주하는 게 정말 싫었지만 그것을 인정하는 것 외엔 다른 방법이 없었다. 그렇게 해서 나는 겉으로 보이는 모습과 내면의 실제 모습이 다른 이중적인 나를 받아들이게 되었다.

하지만 그것은 시작에 불과했다. 괴물은 시간이 갈수록 더 강력해지고 대담해져서 시도 때도 없이—심지어 남의 눈이 있을 때도 가리지 않고— 나타났다. 괴물이 원하는 것은 단순했다. 뒤틀린 욕망의 해소였다. 나는 주변에 가까운 사람들, 특히 수지를 공격과 지배의 대상으로 삼았다. 나는 일을 핑계로 그녀를 고문했다. 그녀에게 강한 인내심과 주체성이 없었더라면 우리의 관계는 그 때 끝장났을 것이다. 어느 날 나는 거울 앞에서 열등감에 시달리는, 주변 사람들에게 일방적인 복종을 강요하는 한 남자를 만나게 되었다. 그것은 내가 그토록 증오했던 아버지의 모습이었다. 나는 숨을 쉴 수가 없었다. 아버지가 싫어서 평생을 도망 다녔는데 결국 아버지 흉내를 내고 있다니!

그렇다. 괴물은 여전히 내 안에 살아 있었다. 한동안 보이지 않았던 괴물이 전날 밤에 그 모습을 드러낸 것은 당시 내 무의식이 한껏 활성화된 상태였기 때문이었다. 그나마 다행인 건 내가 그 괴물을 밝은 햇살 아래로 끄집어내서 자세히 관찰하고 있다는 것이었다. 용기를 내어 진실과 대면하는 일, 그것은 진정한 치유로 가는 길이었다. 상처와 아픔을 나의 힘으로 승화시키는 과정이었다. 하지만 더 중요한 일이 남아 있었다. 내 무의식 속의 가장 근본적인 욕망-삶을 해방시키고 진정한 자유인이 되는 것-을 해소하는 일이었다. 그래야 내 안의 괴물도 사라지고 다른 욕망들로부터도 벗어날 수 있을 터였다. 결국 이 모든 건 근본적인 욕망이 충족되지 않아서 생긴 일이기 때문이었다.

부부가 싸운 후 화해하는 방법은 부부의 수만큼이나 다양할 것이다. 나는 주로 수지가 잠들어 있을 때를 공략한다. 시치미를 뚝 떼고 수지를 껴안은 채 그녀가 깨길 기다리는-영 안 일어날 것 같으면 일부러 툭툭 쳐서 깨우기도 한다- 것이다. 웃는 얼굴에 침 못 뱉는다는 말이 있지만 그건 모르는 일이다. 자칫하면 비웃는 걸로 받아들여질 수 있기 때문이다. 하지만 잠에서 깨어나자마자 화를 내는 경우는 정말 드물다. 꿈과 현실의 구분도 잘 안 되는 상황에서 어떻게 화를 내겠는가. 그것도 자기를 꼭 껴안고 있는 사람에게 말이다. 정신이 들면 화가 나기도 하겠지만 이미 한참 껴안고 있었던 상황에서 정색하고 상대를 거부하기란 쉽지 않다. 그러다보면 대충 웃고 넘어가게 된다.

나는 그날 아침에도 수지의 머리카락을 매만지면서 그녀가 깨길 기다렸다. 수지는 잠시 후 눈을 뜨더니 '여기가 어디야?' 하는 표정-평소처럼 텐트가 아니었으므로– 을 짓다가 고개를 돌려 나를 쳐다보았다.
나는 잔잔한 미소–보기에 따라 음흉해보일 수도 있는–를 지어보였다.
그제야 전날 밤 기억이 떠오른 그녀는 뾰로통한 표정으로 나를 밀쳤다.
여기서 한 가지 주의할 점은 상대가 밀쳤다고 해서 그대로 물러서면 안
된다는 것이다. 있는 힘을 다해 힘껏 뿌리친 경우가 아니라면 화해의
요청을 받아들이는 의미이기 때문이다. 얼마 전까지 불같이 화를 냈던
사람으로서 어떻게 바로 웃고 떠들고 할 수 있겠는가. 나는 다시 한 번
그녀를 껴안았고 그것으로 화해는 마무리되었다.

하쿠바는 나가노 현에 위치한 마을로 주변에 높은 산이 많아서 스키
와 트레킹의 천국으로 손꼽힌다. 1998년에는 나가노 동계올림픽이 열
리기도 했다. 우리가 묵은 곳은 에코타운이라고 이름 붙여진 동네였는
데 예쁜 유럽식 목조 건물들이 많아서인지 마치 유럽 알프스 산악 지역
의 어느 스키 마을에 와 있는 듯했다. 우리는 관광안내소도 들를 겸 해
서 스키 점프대가 위치한 곳을 향했다. 그리 먼 거리는 아니었지만 한
참 후에야 도착할 수 있었다. 가는 길에 우리 앞에 펼쳐진 멋진 설산과
목가적이면서 아기자기한 마을의 풍경을 그냥 지나칠 수 없었기 때문
이었다. 폭풍우가 지나간 후의 맑고 푸른 하늘이 특히 예술이었다. 우
리는 중간에 차를 세우고 눈과 사진기에 멋진 풍경을 담았다.

스키 점프대를 구경한 후 관광 안내소에서 알려준 캠핑장을 찾아갔
다. 하쿠바 시에서 직접 운영하는 곳이었는데 가격이 매우 저렴하고 환
경이나 시설도 나무랄 데 없었다. 북알프스의 설산들이 만드는 스카이
라인이 한 눈에 들어오는 전망도 환상적이었다. 다른 조건들이 너무 좋

아서인지 도로와 기찻길로부터 들리는 소음도 참을 만했다. 우리는 그곳에서 2박을 하기로 하고 텐트를 쳤다. 그런데 이틀 동안 쉬었다 해서 그런지 캠핑에 관한 모든 일들이 즐겁게 느껴졌다. 사실 그동안 숙소에 있으면서 불편한 점도 많았다. 커피 한 잔도 끓여먹을 수가 없었고 마음 놓고 큰 소리를 낼 수도 없었다. 그리고 시간이 지나면 지날수록 사방이 꽉 막혀 있는 객실이 답답하게 느껴졌었다.

점심식사 후 의자에 앉아서 차를 마시고 있노라니 "역시 캠핑이 좋구나"라는 소리가 절로 나왔다. 그 때였다. 수지가 내 말에 "나도 그래"라고 맞장구를 쳤다. 내가 물어보지도 않았는데 자기도 캠핑장이 숙소보다 더 편하고 좋다고 말하는 것이었다. 그동안 다양한 신호를 통해 그녀가 캠핑에 많이 익숙해졌다는 것은 알고 있었지만 그녀의 그런 반응은 정말 의외였다. 자기는 캠핑을 좋아해서 하는 게 아니라 남편인 내가 함께 하길 원해서 어쩔 수 없이 하는 거라고 입버릇처럼 말하던 그녀였기 때문이었다. 그랬던 그녀가 이제 자기 입으로 캠핑이 숙소보다 낫다고 고백하고 있으니 어찌 놀라지 않을 수 있겠는가. 역시 인생은 오래 살고 볼 일이고 캠핑도 오래하고 볼 일이다.

낮잠을 자고 일어났더니 주위가 어둑해져 있었다. 세면도구를 챙겨 시내에 있는 온천에 갔다. 추운 날씨 속에서 야외 생활을 오래 하다보면 몸 온도가 많이 내려가서 밤에 잘 때도 추위를 많이 느끼게 되는데, 밤 시간에 온천욕을 하면 새벽까지도 몸 안에 더운 기운이 남아 있게 되어 숙면을 취하는 데 큰 도움이 된다. 온천과 캠핑이 환상의 커플일 수밖에 없는 수많은 이유 중 하나다. 그날 밤 우리는 함께 와인을 마시며 늦게까지 대화를 나누었다. 각자 속마음을 털어놓고 공감하는 시간이었다. 온천으로 뜨거워진 몸과 마음은 달콤한 와인과 분위기로 인해 한층 달아올랐다. 폭풍우가 지나간 후의 맑고 투명한 하늘처럼 힘든 일을 겪은 후에 우리의 관계는 힘차게 도약하고 있었다.

3.

부부는 남남의 관계다. 섞인 피도, 공유하는 어릴 적 추억도 없는 두 사람이 만드는 관계다. 아무 상관없는 타인끼리 만나 자기 부모 형제보다 더 가까운 관계를 이루는 불가능한 미션에 도전하는 것이 부부다. 그런 면에서 부부관계를 만들고 지키는 일은 인간의 삶에서 가장 어려운 일 중의 하나일 것이다. 이것은 꼭 부부가 아니더라도 부부처럼 서로 의지하면서 거친 삶을 헤쳐 나가는 모든 동지적 관계에 공통적으로 해당되는 이야기일 것이다. 그런데 나는 그 미션을 너무 쉽게 생각했었다. 함께 사는 시간이 길어지고 공유하는 과거가 많아지면 두 사람 사이의 모든 문제가 눈 녹듯 사라지는 줄 알았다. 힘들어도 참고 살다보면 자동적으로 굳건해지는 게 부부관계라고 믿었었다.

하지만 부부관계는 그런 식으로 해결되지 않는다. 서로에 대한 이해의 폭과 관계의 순수성에 그 한계가 뚜렷하기 때문이다. 어렸을 적 가족이나 친구와의 관계가 순수한 마음으로 서로 무의식적인 영향을 주고받으면서 자연스럽게 만들어지는 거라면 부부 관계는 현실적인 배경 안에서 이성적이고 인위적으로 만들어지는 것이다. 그것은 부부관계가 외부의 충격에 약하고 해체되기 쉬운 조건이라는 것을 의미한다. 바다로 치면 비와 바람 같은 대기의 조건에 쉽게 영향 받는 상층부에 그 관계가 위치하고 있다는 것이다. 이 문제를 해결하는 방법은 간단하다. 관계를 더 깊은 바다 속으로 끌고 들어가는 것이다. 현실적이고 이성적인 관계에 무의식적이고 순수한 관계를 추가하는 것이다.

그것은 두 가지 노력을 요구한다. 하나는 서로의 무의식에 대한 탐험이다. 무의식과 그 무의식을 만든 과거를 제대로 알지 못할 때 한 사람에 대한 이해는 피상적인 수준에 머물 수밖에 없다. 서로를 깊게 이해하기 위해서는 상대방의 과거와 무의식의 세계를 공유하는 작업이 필수적이다. 그것도 아주 깊은 수준으로 말이다. 그러기 위해서는 상대방이 숨기고 싶어 하거나 일부러 기억을 지워버렸던 상처들―여행지로 치면 찾아가기가 힘든 곳에 위치한 오지―에도 접근할 수 있어야 한다. 그래서 그 기억이 상대방에게 어떤 영향을 끼치고 있는지를 깨달아야 한다. 그런 식으로 서로 도와가며 기억 속의 오지를 여행할 수 있을 때 우리는 그것을 무의식의 탐험이라고 부를 수 있을 것이다.

다른 하나는 놀이를 통한 순수한 경험의 공유이다. 관계의 순수성은 두 사람이 순수한 마음으로 순수한 놀이를 즐길 때, 그런 기억을 공유할 때 만들어진다. 이 과정에서 중요한 것은 그런 목표에 적합한 환경을 만드는 일이다. 어렸을 적 형제나 친구들과 놀 때 그랬던 것처럼 모든 현실적인 문제들로부터 벗어나 순수한 마음으로 빠져들 수 있는, 무의식적으로 서로 영향을 주고받을 수 있는, 이상적이고도 특별한 시공간이 요구되는 것이다. 의식적이고도 치밀한 계획과 실행을 필요로 한다는 점에서 그것은 앞서 말한 무의식의 탐험과는 큰 차이가 있다. 무의식의 탐험이 과거로부터 시작해서 현재에 이르는 여행이라면 순수한 경험의 공유는 미래로부터 현재로 돌아오는 여행이다.

그렇게 해서 탐험과 공유가 완성될 때 두 사람의 관계는 저 깊고 깊은 심연의 바닥에 이를 수 있다. 환경의 변화로부터 자유로워지는 것이다. 그것은 두 개의 바다가 그 밑바닥까지 완벽하게 겹쳐진 채, 두 사람이 진정한 하나가 된다는 의미이다. 그럴 때 각자는 한 인간으로서도 우뚝 설 수 있다. 상호간의 믿음과 관계에 대한 신뢰가 더 큰 자유와 자신감을 주기 때문이다. 이렇게 서로 다른 개성을 가진 두 사람이 최소한의-하지만 여전히 강력한- 연결고리를 가진 채 서로 보조를 맞추면서 날개짓을 할 때 두 사람은 한 마리의 나비가 되어 하늘을 날 수 있다. 꽃과 꽃을 연결해주고 달콤한 즐거움과 행복을 향유하면서 혼자서는 도저히 갈 수 없는 먼 곳까지 갈 수 있게 된다.

우리의 여행도 결국 그런 의미였다. 표면적으로는 캠핑여행의 모양새을 띠고 있지만 실제로는 서로의 무의식을 탐험하고 순수한 경험을 공유하는 의미가 더 큰 여행이었다. 10년을 함께 살면서도 가본 적이 없었던 상대방의 오지, 현재의 나를 만드는 데 결정적인 역할을 했음에도 불구하고 여러 가지 이유로 잊고 있었던 자신의 오지를 발견하고 탐험하는 시간이었다. 어린아이처럼, 원시인처럼 순수한 마음으로 모닥불을 피우고 캠핑을 하면서 앞으로 우리가 만들어 가야할 미래를 그려보고, 한 팀으로서 꿈을 현실로 바꾸는 과정에서 필연적으로 맞닥뜨리게 될 불확실성에 미리 부딪혀보는 시간이었다. 일본의 아름다우면서

도 비밀스러운 자연은 그것에 더없이 완벽한 환경이었다.

우리는 정말 많은 이야기를 나누었다. 무엇보다 두 사람 외엔 대화를 나눌 상대가 없었기에 서로에게 몰입할 수밖에 없었다. 또한 같은 이야기만 계속 반복할 수는 없었기 때문에 계속해서 새로운 주제를 끄집어냈다. 그러다가 이야기할 만한 가치가 있는 주제가 생기면 우리는 그것에 관해 더 이상 아무 것도 남은 것이 없다는 확신이 들 때까지 대화를 이어갔다. 그날 끝나지 않은 이야기는 다음날로 넘어갔고, 그 다음날, 또 그 다음날로 계속 이어졌다. 한 주제가 지겨워질라치면 다른 주제로 갔다가 다시 그것으로 돌아오기도 했다. 그렇게 함으로써 우리의 대화는 점점 더 깊은 곳까지 탐험해 들어갈 수 있었고 어두운 심연 속에 잠들어 있었던 기억들을 건져 올릴 수 있었다.

내가 털어놓았던 비밀은 어린 시절의 상처에 관한 것이었다. 어렸을 적 나는 자폐아에 가까웠다. 다른 아이들과 어떻게 어울려야 하는지를 모른 채 혼자만의 세계에 빠져 있었다. 학교생활에 어려움이 있었던 것은 물론하다. 초등학교 4학년 때는 1년 내내 몇몇 아이들로부터 말 그대로 고문을 당한 적도 있었다. 나는 매일 밤 내일 아침이 오지 않기를 기도하며 잠이 들곤 했다. 나이가 들면서 자폐증은 조금씩 나아지긴 했지만 어두운 상처의 그림자는 계속 나를 따라다녔다. 나는 불안 증세와 조울증을 보였고 도벽, 성도착증, 상습적인 거짓말 같은 정신병적인 문제까지 나타났다. 내 자신을 통제할 수 없다는 무력감과 자괴감, 그리고 죄의식 때문에 나는 스스로를 학대하곤 했다.

뒷일 생각 안하고 모험에 빠져들고 탐닉하는 성향을 갖게 된 것도 그런 이유에서였다. 나에게 모험이란 번민과 불안, 그리고 나를 구속하는 감옥으로부터 탈출할 수 있는 유일한 출구였다. 내 인생 최초의 모험은 자폐아로부터 까불이와 말썽꾼으로의 변신이었다. 초등학교를 졸업할 때 즈음 나는 도저히 이런 식으로는 살 수 없다는 사실을 자각하게 되었고 자신을 180도 바꾸는 모험을 시작했다. 그 모험은 대단히 성공적이어서 1년 만에 나는 사람들을 웃기고 싸움도 곧잘 하는 아이로 변신해 있었다. 그런 경험은 나에게 사회 속에서 다른 사람들과 어울려 살 수 있다는 자신감과 함께 모험의 가치를 가르쳐주었다. 그 후로 나는 모험에 중독된 삶, 본능에 충실한 삶을 살게 되었다.

수지 역시 아픈 과거를 드러냈다. 누구보다 밝고 명랑했던 그녀의 성격이 어둡고 염세적으로 바뀌게 된 것은 어렸을 적 갑작스러운 사고로 아버지가 돌아가시는 사건을 겪으면서부터였다. 이사를 앞두고 TV 안테나를 떼러 집 지붕 위에 올라갔다가 미끄러지는 불의의 사고를 당하셨던 것이다. 너무나 사랑했던 아버지의 죽음 앞에서 수지는 마음껏 슬퍼할 수도 없었다. 슬픔에 빠져 방황하는 어머니와 동생을 추스르고, 더없이 불확실해진 미래에 맞서기 위해서는 장녀인 자신이 강한 모습으로 가족의 중심에 서야 한다는 부담감이 있었기 때문이었다. 결국 그녀는 아버지가 돌아가셨다는 사실을 부정하는 방법을 택했다. 사우디아라비아에 출장 가 계시다고 자기최면을 걸었던 것이다.

그 방법은 단기적으로 그녀에게 의연해질 수 있는 힘을 주었지만 장기적으로는 심각한 문제들을 초래했다. 현실을 직시하지 못하고 회피해버리는 습관과 작은 문제에도 불안감과 스트레스에 시달리게 되는 마음의 병을 갖게 된 것이었다. 그것은 아버지의 죽음을 정면으로 받아들이지 못하고 그 사실로부터 장기간 도피하면서 비롯된 문제였다. 마침내 그녀는 세상에 대해 마음의 문을 닫고 자기 안의 깊고 어두운 바다로 침잠해버렸다. 그녀에게서 늘 허무주의자나 속세를 떠난 은둔자의 분위기가 풍겼던 것도 그 때문이었다. 남들처럼 꿈과 이상을 가질 수 없었던 것도, 지금 현재를 마음 놓고 즐길 수 없었던 것도 그 때문이었다. 그녀의 시간은 과거의 그 시간에 멈추어 있었다.

그날 우리는 산을 올랐다. 1,500m까지는 차로 올라가고 나머지 600m를 걷는, 비교적 가벼운 코스였다. 하지만 등산을 죽기보다 싫어하는 수지가 함께 했기에 누구도 그 결과를 예측할 수 없는 산행이었다. 과정은 순탄치 않았다. 수지는 왜 자기를 고생 못시켜서 안달이냐면서 온갖 저주를 퍼부었고, 더 이상은 죽어도 못 올라가겠다며 계단에 주저앉아서 애를 태우기도 했다. 하지만 그러면서도 한발 한발 나아가 결국 목표에 도달할 수 있었다. 설산의 장엄한 풍경 때문이었을까 아니면 시원한 맥주 때문이었을까 수지는 언제 그랬냐는 듯 행복한 웃음을 터뜨렸다. 물론 내려가면서 다시 저주가 시작되었지만 말이다. 그것은 우리가 함께 해온 세월을 압축시켜놓은 듯한 시간이었다.

4.

다시 이동하는 날이었다. 카미코오치처럼 하쿠바도 발걸음을 떼기가 쉽지 않았다. 하쿠바는 아름다운 자연은 물론 세련되고 쾌적한 문명도 함께 즐길 수 있는 곳이었다. 그냥 떠나긴 아쉬워서 하쿠바에 있는 동안 자주 들렸던 계곡에서 점심을 먹었다. 아침에 싸놓았던 샌드위치와 커피의 간단한 음식이었지만 푸른 하늘과 눈부신 햇살, 멋진 경치, 그리고 시원한 물소리가 곁들여져 더없이 충만한 느낌이 들었다. 우리는 얼마 전부터 아침에 직접 만든 도시락으로 점심식사를 해결하고 있었다. 그 전에는 식당에 들르거나 마트의 도시락을 사곤 했었는데 만족도도 낮고 불편한 경우도 많았다. 도시락을 준비해놓으면 시간과 장소에 구애받지 않고 신선한 음식을 먹을 수 있어서 좋았다.

다음 목표는 토카쿠시였다. 거리는 40km밖에 안 되지만 대부분의 구간이 험하고 구불구불한 산길이라 꽤나 멀게 느껴졌다. 사실 급할 것도 없어서 드라이브를 하듯이 여유롭게 움직였다. 산악지형에 적응이 되기도 했거니와 북알프스를 떠날 날이 얼마 안 남아서인지 이제는 산길조차도 정겹게 다가왔다. 토카쿠시는 1,200m 고원에 위치한 작은 마을로 아름다운 자연 환경과 유서 깊은 사원들로 유명하다. 마을을 감싸고 있는 넓은 숲이 국립공원으로 지정되어 있고 생태계 보호가 매우 잘 되어 있어서 트레커와 캠퍼들 사이에서도 인기가 높다. 마을에서 10분 정도 거리에 위치한 국립공원 사무소에서 바로 옆에 국립공원에서 운영하는 캠핑장이 있다는 반가운 소식을 듣게 되었다.

캠핑장은 깜짝 놀랄 만큼 좋았다. 규모가 상당했고 세면장이나 화장실 같은 시설도 사설 캠핑장 못지않게 잘 갖추어져 있었다. 국립공원으로 연결되는 숲길 입구가 캠핑장과 연결되어 있어서 트레킹하기에도 그만이었다. 뒤쪽에 병풍처럼 둘러선 산을 배경으로 완만한 언덕을 따라

캠프 사이트들이 자연스럽게 들어선 모습은 그야말로 그림 같았다. 여러 가지 조건을 따졌을 때 카미코오치 캠핑장과 어깨를 나란히 할 만했다. 북알프스가 캠핑에 좋은 환경이라는 것은 진작 알고 있었지만 이번에 다녀보니 정말 기대 이상이었다. 새로 발굴한 노리쿠라 고원, 시라호네 온천, 하쿠바, 토카쿠시까지 어느 곳 하나 버릴 곳이 없었다. 한 달 정도의 기간이면 북알프스만으로도 충분할 것 같았다.

그곳이 고원이라는 사실을 상기시켜주듯 해질녘부터 기온이 급강하했다. 우리는 방한복을 챙겨 입고 잔가지를 주워 모닥불을 피웠다. 나는 하루 중 이맘때를 제일 좋아한다. 오늘 하루도 무사히 잘 마쳤다는 안도감과 내일에 대한 기대감이 교차하는 시간이기 때문이다. 어두운 밤과 함께 찾아오는 추위와 어두움이 사람들을 한층 더 가깝게 만들고 서로의 존재에 대해 고마움을 갖게 만들어주기 때문이다. 자려고 텐트 안에 누웠는데 숲속에서 동물들의 울음소리가 동시다발적으로 들려왔다. 그렇게 많은 소리를 들은 건 처음이었다. 갑자기 국립공원 사무소에서 보았던 경고판—흑색 곰 사진과 함께 '주의'라는 한문이 대문짝만하게 붙어 있는—이 떠올라 이불을 머리 위로 뒤집어썼다.

추위 때문이었을까. 아니면 자기 전에 들었던 동물들의 울음소리 때문이었을까. 깊게 잠들지 못하고 새벽에 자주 깨어났다. 평소보다 이른 시간에 산책을 나섰던 것도 그 때문이었다. 캠핑장을 벗어나자 이내 숲길이 나타났다. 날씨가 추워서 대부분의 나무들이 잎을 떨어뜨린 채 가지만 앙상한 모습이었지만 그 덕분에 시야가 좋아져 새들의 움직임도 잘 볼 수 있었다. 자연은 이렇게 끊임없이 변화하면서 인간에게 다양한 즐거움을 선물하고 세상의 이치를 알려준다. 자연을 열심히 관찰하고 닮으려고 노력하는 것만으로도 충분히 행복하고 지혜로워질 수 있지 않을까? 그런데 혼자 숲속을 걷고 있노라니 왠지 으스스한 느낌이 들었다. 여기저기 붙어있는 곰 주의 경고판 때문이었다.

한국을 떠나기 두 달 전 쯤, 일본에서 나쁜 뉴스가 들려왔다. 곰이 마을을 습격해서 몇 명이 죽고 다쳤다는 것이었다. 바로 우리가 있는 북알프스 지역에서 벌어진 일이었다. 그 순간 덜컥 겁이 났다. 가만히 잘 살고 있는 마을 사람들까지도 곰에게 습격을 당하는 판에 그들의 본거지인 숲 속으로 들어가 한 달씩이나 생활해야 하는 사람들이 곰에게 당할 확률은 얼마나 높겠는가. 하지만 잊어버리는 것 외엔 다른 수가 없었다. 여행을 포기할 것도 아니고 걱정한다고 해서 달라지는 문제도 아니지 않는가. 그런데 토카쿠시의 울창한 숲이 그 기억을 깨우고 있었다. 어찌나 긴장을 했던지 멀리 보이는 수상한 물체-알고 보니 사람이었다-를 보고 그 자리에서 얼어붙는 일까지 있었다.

한 가지 재미있는 건 수지는 나와 반대로 동물을 전혀 겁내지 않는다는 것이었다. 동물 울음소리가 들리면 무서워 하기는커녕 귀를 쫑긋 세우고 초롱초롱해진 눈망울로 "저건 뭐였을까?"라고 물었다. 그리고 내 대답이 없으면-떨고 있었다- "저건 분명 늑대였을 거야"라며 혼자 상상의 나래를 펴는 것이었다. 원래부터 동물 사랑이 극진하긴 했지만 그 사랑이 야생 동물에도 유효할 줄은 꿈에도 몰랐다. 내 생각에 그녀는 당장 곰이 들이닥친다고 해도 도망가지 않고, "잘 왔어. 그래. 배고프지?"하면서 친구처럼 굴 것 같았다. 그녀의 말을 오해한 곰이 날카로운 발톱으로 그녀의 몸을 갈기갈기 찢어놓아도 "그래. 잘했어. 그래야 곰이지"하면서 행복한 표정을 지을 것만 같았다.

어두움에 대해서도 마찬가지였다. 그동안 들렀던 캠핑장 중에서 사람이 많았던 건 카미코오치가 유일했다. 우리밖에 없었거나 있어봤자 한두 팀 정도였다. 소위 말하는 '황제 캠핑'—자리를 놓고 치열하게 경쟁하는 한국의 캠퍼들이 혼자 널널하게 캠핑장을 사용하는 드문 경우를 일컫는 전문용어다—이 계속되었던 것이다. 문제는 밤이었다. 워낙 깊은 산 속에 위치하는데다가 사람도 거의 없다보니 조명을 안 켜는 경우가 허다했고 그래서 밤이 너무 어두웠다. 그런 상황에서 웬만한 여자라면 무서워서 화장실에 갈 때 같이 가자고 할 텐데 수지는 한 번도 그런 적이 없었다. 오히려 내가 그러고 있었다. 야생 동물과 어두움에 관한 수지의 담대함은 나에게 정말 불가사의한 일이었다.

하루 종일 캠핑장에서 쉬다가 오후 늦게 마을을 방문했다. 토카쿠시의 명물로 꼽히는 소바도 먹고 온천을 할 계획이었다. 그런데 캠핑장 직원이 추천해준 소바집을 찾아가보니 문이 닫혀 있었다. 나중에 알게 된 거지만 토카쿠시의 소바집들은 오후 4시까지만 영업을 하고 있었다. 몇 년 전 호주 시골을 여행할 때 저녁 7시면 칼같이 문을 닫는 식당들을 보면서 불평을 한 적이 있었는데 토카쿠시에 비하면 정말 양반인 셈이었다. 소바는 다음날로 미루고 중심가에 있는 슈퍼마켓에 들러 저녁에 먹을 음식재료를 샀다. 내가 한 커플을 발견한 것은 주차장으로 돌아가는 길에서였다. 원채 거리가 한산해서 따로 쳐다볼 것도 없었거니와 그 자체로도 눈길이 갈 만한 특이한 커플이었다.

두 사람은 완벽한 대비를 이루고 있었다. 남자는 서양인으로 짧게 깎은 금발에 체격이 매우 좋았다. 마치 헬스클럽 광고판에서 방금 튀어나온 사람 같았다. 쌀쌀한 날씨와 어울리지 않게 반팔 티셔츠를 입고 있어서 더 그래보였을 것이다. 동양인인 여자는 일본인으로서도 체구가 작은 편이었다. 거기에 뽀얀 얼굴에 안경을 쓰고 있어서 부모 속 한 번 안 썩히고 자랐을 것 같은, 학교 다닐 때 도서관에서 책만 팠을 것 같은 인상을 주었다. 그렇게 상반된 이미지의 두 사람이 손을 잡고 걸어가는 모습에서는 묘한 긴장감마저 느껴졌다. 어찌 보면 말도 안 되는 조합인 듯 싶었고 달리 보면 그보다 이상적인 조합도 찾기 힘들 듯했다. 나는 마음속으로 이렇게 외쳤다. "미녀와 야수다."

어떤 사람들일까 호기심이 발동했지만 그렇다고 쫓아가서 물어볼 것도 아니었고, 주차장에도 다 왔고 해서 나는 눈길을 거두어들였다. 그런데 막 차에 오르려던 찰라, 영어로 대화하는 소리가 들려서 돌아보니 미녀와 야수 커플이 서 있는 게 아닌가! 그들의 차가 바로 옆에 주차되어 있었던 것이다. 말을 걸어보고 싶었지만 선뜻 입이 떨어지지 않았다. 매일 수지랑 둘이서만 있다 보니 갑자기 모르는 사람에게 먼저 다가서는 게 그리 쉽지만은 않았다. 만약 체격 좋은 서양 남자가 우리 차의 번호판을 보지 못했더라면, 한국에서 온 거냐고 먼저 말을 걸지 않았더라면 그들과 우리는 그대로 헤어져 각자 자신의 삶 속으로 향했을 것이다. 인연이란 얼마나 무섭고도 신기한 것인지!

알고 보니 그들은 우리 못지않게, 아니 그 이상으로 자연과 여행을 좋아하는 사람들이었다. 어쩐지 레저용 자동차에 뒤에는 산악자전거까지 매달려 있더라니! 동족임을 확인하는 질문으로 시작된 대화는 여행 이야기로 이어지면서 멈출 줄을 몰랐다. 멍석만 깔아주면 하루 종일이라도 떠들 것 같은 분위기였다. 하지만 날도 이미 어두워지고 있었고 수지의 표정에도 먹구름이 짙어지고 있었다. 만남을 마무리지어야 하는 상황이었다. 캠핑장으로 돌아가봐야겠다는 내 말에 미녀와 야수는 아쉬운 표정을 지으며 이렇게 말하는 것이었다. "여기서 30분 정도 가면 저희가 별장으로 쓰는 통나무집이 있어요. 저희랑 같이 가서 이야기도 더 나누고 식사도 하고 하룻밤 주무시면 어떨까요?"

이 얼마나 달콤한 제안인가! 마음이 통하는 현지인과의 만남, 즉흥적이지만 진심이 담긴 초대, 통나무집에서의 하룻밤. 어떤 여행자가 그런 기회를 거부할 수 있겠는가! 마음 같아선 "Why not? Let's go!"라고 외치고 바로 따라가고 싶었지만 그럴 수가 없었다. 수지의 동의가 필요한 사항이기 때문이었다. 이젠 놀라운 일도 아니지만, 수지는 방금 길에서 만난 사람들을 어떻게 믿고 따라 가냐며 내 희망을 꺾어버렸다. 그러면 내일 그쪽을 통과할 때 들르면 어떻겠냐고 물었더니 이번에는 고개를 끄덕였다. 미녀와 야수도 흔쾌히 괜찮다고 하면서 지도에 통나무집의 위치를 표시해주었다. 잠시 후 그들은 어둠 속으로 사라졌고 나는 귀신에 홀린 사람처럼 한동안 그 자리에 서 있었다.

캠핑장에 돌아온 후 나는 한 가지 생각에 몰두했다. '여행자로서의 희소가치'에 관한 거였다. 그동안 나는 여행 중에 스스로 희소가치가 있다고 느껴본 적이 없었다. 대부분의 경우 나는 그저 수많은 여행자

중의 한 명일 뿐이었다. 내가 여행자로서의 희소가치를 가졌던 경우는 길을 잘못 들어서 우연히 로컬들만 사는 동네에 서 있게 되었을 때나 종업원 수가 손님 수보다 훨씬 더 많은 최고급 리조트에 있을 때 정도였다. 그것은 어찌 보면 당연한 일이었다. 나를 아는 사람들의 시선으로부터 벗어나고 싶은 욕망, 새털처럼 가벼운 존재가 되고 싶은 욕망은 내가 여행을 하는 가장 중요한 이유이기 때문이었다. 도시에 익명성의 자유가 있듯이 여행에는 프라이버시라는 자유가 있었다.

하지만 희소가치와 존재감이 아쉬울 때도 많았다. 현지인을 친구로 사귀고 싶을 때, 겉에서만 맴도는 피상적인 경험을 넘어 내부로 들어가 그곳의 진짜 모습을 체험해보고 싶을 때 그랬다. 특히 내 쪽에서 아무리 진지하게 접근해도 현지인들이 계속 심드렁한 태도를 취할 때 나는 여행자의 한계를 실감했다. 사실, 대부분의 현지인에게 여행자는 특별하지 않다. 여행자란 돈을 버는 수단, 잠깐 스쳐 지나가는 바람 같은 존재일 뿐이다. 오히려 여러 모로 불확실한, 그래서 잠재적인 위험요소에 가깝다. 그런데 이번에는 달랐다. 우리는 가는 곳마다 많은 사람들-현지인들 뿐 아니라 같은 여행자에게도-에게 주목받고 있었다. 그래서 우리에게 친구를 선택할 수 있는 기회가 주어지고 있었다.

그런 현상은 우리가 갖고 있는 희소가치에 기인한 것이었고 또한 그것은 하고 있는 여행의 특이성으로부터 만들어지고 있었다. 즉 한국 차로 일본의 구석구석을 돌아다니면서 캠핑을 하는, 독특한 스타일이 우리를 다른 여행자들과 차별화시키고 있었던 것이다. 이상한 건 보통의 경우 희소가치와 존재감이 커지면 프라이버시와 자유는 상대적으로 감소하게 되는데 이번엔 그렇지 않다는 거였다. 이유는 한 장소에 오래 머무르지 않는다는 데 있었다. 사람들의 관심과 존재감에 부담을 느끼기 전에 다른 곳으로 이동을 하다 보니 존재감을 가지면서도 여전히 프라이빗하고 자유로울 수 있었던 것이다. 그것은 세상 끝에 위치한 오지나 최고급 리조트에서나 충족될 수 있는 조건이었다.

나는 나아가 그것이 앞으로 지향해야 할, 바람직한 삶과 여행의 모델임을 깨닫게 되었다. 이제 나는 프라이버시와 자유, 희소가치와 존재감 중에 어느 한쪽을 희생할 필요가 없었다. 양 쪽을 충족시키는 공통분모를 발견했기 때문이었다. 양쪽의 가치가 겹치는 미묘한 공간을 찾아내고 지속적으로 그 안에 머무를 수 있는 방법을 터득했기 때문이었다. 그것은 이것이냐 저것이냐의 이분법적인 대립이 아닌, 이것이 커지면 저것이 작아져야 하는 제로섬 게임도 아닌, 이도 저도 아닐 수 있지만 동시에 이것이면서 저것일 수도 있는 길이었다. 순간 나는 무릎을 쳤다. 그것이 내가 이미 알고 있는 어떤 것과 비슷하다는 생각이 들었기 때문이었다. 그것은 다름 아닌 유목민적인 삶이었다.

5.

오전을 그토록 바쁘게 보낸 적이 또 있었던가? 우리는 새벽 6시에 일어나 국립공원 내 한 호수에서 물안개 피어오르는 모습을 구경했다. 그 후엔 엄청난 크기의 편백나무들이 양쪽으로 길게 늘어서있는 대산사 길을 산책했고 일찍 문을 연 식당에서 소바도 한 그릇씩 먹었다. 그리고는 짐을 챙겨 도망치듯 캠핑장을 빠져나왔다. 그렇게 서두른 이유는, 독자 여러분도 이미 짐작은 했겠지만, 미녀와 야수 커플과의 약속 때문이었다. 나는 공항버스를 기다리는 여행자처럼 시간에 늦을까봐 안절부절 하고 있었다. 노지리라는 이름의 마을에 도착한 것은 정오경이었다. 햇빛도 잘 들지 않을 정도로 울창한 숲 속에 그들의 통나무집이 있었다. 아담한 사이즈에 연식이 꽤 되 보이는 집이었다.

미녀와 야수 커플은 전날보다 더 환한 얼굴로 우리를 반겨주었다. 한창 식사 준비 중인 듯 실내는 꽤 부산스러웠다. 현관과 맞닿아 있는 부엌에는 여러 가지 음식재료들이 나와 있었고 맛있는 냄새와 소리가 가득했다. 밖에서 볼 때도 그랬지만 통나무집 특유의 거칠면서도 아늑한 실내 분위기가 근사했다. 벽과 바닥은 물론 거실과 부엌을 가르는 프레임, 거실에 있는 테이블과 의자까지도 모두 나무였다. 한 쪽 구석에는 꽤나 묵직해 보이는 주철 난로가 타닥타닥 소리를 내며 열기를 만들어내고 있었다. 현관 반대쪽 벽은 울창한 숲의 경치를 담고 있는 테라스로 이어지고 있었는데 창문을 통해 거실에서도 그 경치를 감상할 수 있었다. 그 곳은 말 그대로 '숲 속의 통나무집'이었다.

잠깐 테라스를 구경하고 와보니 거실의 식탁 위에는 음식을 담은 접시들로 가득했다. 통밀 빵과 생 딸기잼, 오븐에 구은 감자요리, 신선한 채소가 그득한 샐러드, 알갱이가 톡톡 터지는 생 오렌지 쥬스... 숲속의 통나무집과 너무나 잘 어울리는 건강한 음식들이었다. 나는 들어오면서 방금 점심을 먹었다는 말을 했었던 것을 후회하면서 열심히 음식을 입으로 실어 날랐다. 식사는 길게 이어졌다. 입과 혀를 먹는 용도로만 사용할 수 없었기 때문이다. 우리는 정말 쉬지 않고 떠들었다. 모르는 사람이 봤다면 몇 십 년만에 상봉한 이산가족인 줄 알았을 것이다. 양쪽의 공통관심사인 여행에 국한되었던 전날과 달리 그날의 대화는 상대방의 현재를 만든 과거와 그 배경에 쏠리고 있었다.

야수의 이름은 마이클. 1965년생에 미국 와싱턴 주 출신으로 일본에서 산지는 20년이 넘었다. 일본제 칼을 사용했던 경험—그의 표현에 의하면 '일본의 혼'을 느꼈단다—이 그를 일본으로 이끌었다. 그는 아웃도어 마니아로 어린 시절부터 자연을 가까이 하면서 사이클, 트레킹, 캠핑을 즐겨왔다. 그런 그가 자신의 아웃도어 스쿨을 운영하는 꿈을 가졌던 것은 너무나 자연스러운 일이었으리라. 실제로 그 꿈에 가깝게 다가선 적도 있었다. 10년 전쯤 절친한 친구와 함께 일본에서 아웃도어 스쿨을 오픈하려고 했었던 것이다. 하지만 후지 산을 오르던 중 친구가 불의의 사고로 목숨을 잃으면서 그의 꿈도 함께 사라지고 말았다. 마이클은 10년째 대학에서 영어를 가르치고 있었다.

미녀의 이름은 마리나. 오사카에서 태어나 평생을 도시에서 산 시티 걸이다. 그녀가 보통의 일본인과는 다른 삶을 살게 된 것은 어린 시절 대학교수였던 아버지와 함께 미국에서 살았던 경험 때문이었다. 그녀 역시 일본인인지라 개인보다는 사람들 간의 화합을 우선으로 생각하고 다른 사람의 눈을 지나치게 의식하는 면이 없지는 않다. 하지만 그녀는 보통의 일본인에게서 찾아보기 힘든, 일본에 대한 관조적인 시각과 자신의 색깔을 드러낼 수 있는 용기를 갖고 있다. 전혀 다른 배경에 덩치가 두 배 이상 됨직한 미국남자를 만나 사랑에 빠지고, 전통적인 가치관을 가진 부모의 반대를 무릅쓰고 결혼에 골인할 수 있었던 것도 그 때문이었을 것이다. 마리나의 직업은 안과 의사였다.

마이클과 마리나는 한 때 나처럼 워커홀릭이었던 적이 있었다. 둘 다 쉬지 않고 일을 했었고 덕분에 돈도 많이 벌 수 있었다. 하지만 물질적으로 더할 나위 없이 풍요로웠던 그 시기가 가장 큰 위기였다. 그들의 관계는 위험에 빠졌고 각자는 정체성의 혼란을 겪었다. 진솔한 고민 끝에 그들은 삶을 개혁해나가기로 결심했다. 일하는 시간을 줄이고 자연에서 보내는 시간을 늘려나갔다. 2년 전 노지리 호수 근처에 있는 통나무집을 산 것도 그런 이유에서였다. 지속적으로 아웃도어 활동을 할 수 있는 베이스캠프가 필요했던 것이다. 그 뒤로 틈만 나면 도시-나고야-를 떠나 자연 속에서 머물면서 캠핑과 사이클링, 트레킹을 즐겼다. 덕분에 그들의 삶과 관계는 다시 건강해질 수 있었다.

나는 그들과 우리 부부와의 공통점을 많이 발견할 수 있었다. 우선 비슷한 나이 대에 아이가 없고, 여행과 자유를 중요하게 생각하는 라이프스타일이 비슷했다. 일에 파묻혀 살다가 위기를 겪었다는 점에서도 일맥상통하는 면이 있었다. 극과 극이라고 할 만큼 서로 다른 두 사람이 부부관계를 이루고 있다는 점에서도 그랬다. 그래서인지 만난 지 얼마 안 되었는데도 오래된 친구처럼 친숙한 느낌이 들었다. 실제로 대화를 나눈 지 불과 몇 시간만에 우리는 이미 오래 알고 지낸 사람들보다 서로를 더 깊이 이해하고 공감하는 것처럼 보였다. 그것은 참으로 신기한 일이었다. 일본의 두메산골에서 우리와 비슷한 가치관을 갖고 있는 사람들을 만나 이렇게 쉽게 친해지게 될 줄이야!

우리가 이야기를 나누는 동안 통나무집에는 새로운 얼굴들이 속속 등장했다. 마이클과 마리나로부터 소문―한국에서부터 차를 갖고 와서 캠핑여행을 하는 미친 녀석들이 있다는―을 듣고 모여든 동네 사람들이었다. 다양한 국적에 하나 같이 특별한 개성을 가진 사람들이이었다. 작은 통나무집이 사람들과 동물―골든 리트리버도 한 마리 있었다―로 북적거리면서 갑자기 왁자지껄한 분위기가 연출되었다. 마치 우리 부부를 환영하는 파티라도 열린 듯했다. 이번 여행은 유난히 많은 사람들로부터 관심을 받았던 게 사실이었지만 이런 식의 환대는 정말 예상치 못한 일이었다. 진정 여행을 사랑하고 열린 마음을 가진 사람들이 살고 있는 마을이기에 가능한 일이었을 것이다.

그 자리에 있던 사람 중에 소개할 사람이 두 명 더 있다. 에릭은 60대의 미국인으로 일본에 산지는 30년이 넘었다. 대학에서 동양학 교수로 일하던 그가 모든 걸 포기하고 노지리에 오게 된 것은 몇 년 전에 겪었던 삶의 위기 때문이었다. 지병으로 강의가 어려워진 상태에서 엎친 데 덮친 격으로 부인까지 그의 곁을 떠나가면서 삶이 뿌리부터 흔들리게 되었던 것이다. 골든 리트리버의 주인인 글렌은 40대의 나이에 그 옛날 월든 호수에 살았던 헨리 데이비드 소로우가 저런 모습이 아니었을까 싶을 정도로 자연친화적인 외모를 하고 있었다. 부모는 미국인이지만 일본에서 태어나고 자란 탓에 글렌은 일본과 미국이 반반씩 섞여 있는, 혹은 그 경계선에서 살고 있는 것처럼 보였다.

사람들을 만날수록 나는 우리가 있는 곳에 대한 궁금증이 커졌다. 도대체 어떤 마을이 길래 이렇게 다양하고도 개성 강한 사람들이 모여서 오랜 친구처럼 지내고 있는가. 마을의 역사는 미국과 유럽의 선교사들이 선교 활동을 목적으로 일본 땅을 밟았던 1900년 대 초반으로 거슬러 올라간다. 당시 100여 명에 달하던 선교사들은 도쿄 외곽에 위치한 카루이자와라는 고원에서 마을을 이루어 살고 있었다. 문제는 카루이자와가 대대적인 개발의 광풍에 휩싸이면서 시작되었다. 선교사 마을이 그 터전을 잃고 와해될 위기에 처하게 된 것이다. 하지만 일부 선교사들은 끝까지 포기하지 않고 새로운 장소를 찾아 나섰고 몇 년 뒤인 1926년 그들은 지금의 노지리 마을에 정착하게 되었다.

노지리 마을을 건설한 선교사들은 카루이자와에서 얻은 실패의 교훈을 바탕으로 외부의 변화로부터 공동체를 지키는 방법에 대해 심사숙고했다. 노리지 마을의 독창적인 철학과 시스템은 그런 노력의 결실이다. 또한 그것은 80년이 넘는 기간 동안 거의 달라지지 않은 채 마을을 지키는 수호신 역할을 해왔다. 예를들면 이런 내용이다. 200여 채에 달하는 마을의 모든 집은 주인이 있긴 하지만 자기 마음대로 팔고 살수 없다. 입주자, 매매가격 등 모든 것은 공동체가 결정한다. 입주자는 엄격한 인터뷰를 거쳐야 한다. 집을 수리할 때도 공동체의 허락이 필요하다. 이러한 원칙들이 전하는 메시지는 분명했다. 순수한 목적을 가진 사람들만 공동체의 일원으로 받아들이겠다는 것.

노지리는 더 이상 선교사들의 공동체는 아니다. 지금의 노지리는 외국인들이 모여 사는 다국적 커뮤니티의 성격을 띠고 있다. 마이클과 마리나처럼 집은 따로 둔 채로 통나무집을 별장처럼 사용하고 있는 사람들도 많아서 휴양 빌리지 같은 색깔도 강하다. 하지만 외모나 종교, 직업과 배경에 상관없이 사람들은 여전히 공동체라는 한 울타리 안에서 같은 철학과 신념을 공유하고 있다. 그것은 아름다운 자연과 함께 건강하고 가치 있는 삶을 영위하자는 이념이며 비슷한 가치관을 가진 사람들의 연대를 통해 공동체의 전통과 이상을 이어가자는 메시지다. 마을 주민 중에는 아직도 1926년 노지리 마을을 세운 선교사들의 후손들도 남아 있는데 앞서 소개한 글렌도 그들 중 한 명이다.

예전에 뉴욕에서 가이드를 할 때 펜실베니아의 시골에서 옛 전통을 지키며 살아가는 아미쉬 마을을 보고 깜짝 놀란 적이 있었는데 노지리 마을에서 받은 충격도 그에 못지않았다. 특히 일본에, 그것도 북알프스의 두메산골에 그렇게 긴 역사를 가진 다국적 공동체가 있다는 이야기조차 들어본 적조차 없었기에 그 놀라움은 더욱 컸다. 그런 곳에 수지와 내가 있다는 것 자체가 비현실적으로 느껴질 정도였다. 깊은 자연을 헤매다니다가 길을 잘못 들어서 이 세상에 속하지 않는 어떤 신비한 세계에 빠져버린 듯했다. 나는 이제 이해할 수 있었다. 왜 집들이 하나같이 오래된 통나무집 모양을 하고 있는지. 어떻게 만나는 모든 사람들이 하나 같이 개성이 강하고 친절할 수 있는지.

그날 밤의 들뜨고 유쾌했던 분위기를 실감나게 전달하는 건 내 능력 밖의 일이다. 다만 나는 치열했던 논쟁을 하나 소개함으로써 여러분들로 하여금 그 자리의 분위기를 상상할 수 있게 만들 수 있을 뿐이다. 모든 건 마이클의 질문으로부터 시작되었다. "자, 식전에 어떤 술로 시작해야 하지?" 마리나가 의견을 제시했다. "매실주부터 마시는 게 낫지 않겠어? 달착지근해서 식전주로 좋은 것 같은데." 이번엔 와인 박사인 에릭이 한마디 했다. "뭘 모르는 소리 하시네. 시작은 당연히 샴페인이지." 그 때까지 잠자코 있던 글렌이 더 이상 못 참겠다는 듯 테이블을 치며 이렇게 외쳤다. "아냐. 그런 획일적인 사고에 얽매이지 말고 데킬라로 하자고. 나는 가능한 빨리 취하고 싶으니까."

어떤 술로 시작할 것이냐는 문제로 합의를 이루는 데 10분이 넘게 걸리는 상황이니 나머지 대화는 어땠을지 상상해보라. 대단한 브레인스토밍 회의라도 하는 것처럼 새로운 질문과 안건이 계속 올라왔고 토론으로 이어졌다. 에릭은 지식인답게 지진과 같은 자연재해가 일본인들의 의식구조에 끼친 영향을 물었고 글렌은 술꾼답게 데킬라가 다른 술보다 더 맛있는 이유를 알고 싶어 했다. 농담과 진지함 사이를 왔다 갔다 하는 대화는 우리를 정신없이 웃고 떠들게 만들었다. 같은 시간, 같은 장소에서 그렇게 다양한 이야기가 오갈 수 있을 줄이야! 방금 만난 사람들과 그렇게 행복한 시간을 가질 수 있을 줄이야! 나에게 그 날은 몇 년 동안 중 가장 행복하고 유쾌했던 밤으로 기억된다.

6.

사실 전날 통나무집의 문을 두들길 때만 해도 그 곳에서 밤을 보내게 될 거라고는 예상하지 못했었다. 그저 두세 시간 정도 있다가 다음 목표인 카루이자와로 출발하는 게 우리, 아니 수지의 계획이었다. 하지만 마을에 퍼진 소문을 듣고 모여든 사람들로 북적이고, 우리들을 환영하는 파티 비슷하게 되어버린 상황에서 그곳을 떠나는 일은 불가능했다. 마이클과 마리나 역시 우리가 자고 가는 것을 너무나 당연하게 생각하고 있었다. 수지는 어쩔 수 없다는 판단이 들었는지 "딱 하룻밤만"이라며 물러섰다. 파티는 늦게까지 이어졌고 우리는 새벽 1시가 넘어서야 잠자리에 들 수 있었다. 마이클과 마리나는 1층에 있는 침실을 우리에게 양보하고 사다리를 타고 다락방으로 올라가버렸다.

아침은 늦게 시작되었다. 마을을 돌아보고 에릭의 집에서 아침식사도 할 겸해서 다함께 통나무집을 나섰다. 호젓한 숲길을 따라 15분 정도 걸어가니 꽤 큰 규모의 호수가 나타났다. 노지리 호수였다. 전체적으로는 더없이 조용하고 평화로운 가운데 한껏 바람을 안고 물살을 가르는 요트와 작은 나무배 위에서 낚시를 즐기는 강태공들도 군데군데 보였다. 휴양을 위해서 노지리를 찾는 사람들이 많은 여름철에는 훨씬 활기찬 분위기로 바뀐다는 마이클의 설명이었다. 잠시 후 우리는 타운 홀이라고 부르는 건물 앞에 도착했다. 마을과 관련한 사무를 처리하고 다양한 모임과 행사가 열리는 곳이었다. 마을 사람들이 벤치에 앉아서 책을 읽고 있거나 몇몇이 모여서 이야기를 나누고 있었다.

에릭의 집은 호수에서 가까웠다. 커피와 토스트 등으로 간단한 아침식사를 하면서 우리는 다시 이야기 삼매경 속으로 빠져들었다. 전날 밤과는 사뭇 다른, 차분하면서도 진지한 대화였다. 나는 에릭에게 노지리 마을이 80년 넘게 지속가능할 수 있었던 이유에 대해 물었다. 에릭은 이렇게 대답했다. "순수한 마음과 깊이 있는 철학, 그리고 공동체를 지키려는 강인한 의지를 가진 리더들이 있었기에 가능한 일이었겠지. 그리고 카루이자와에서의 실패도 중요했고. 오히려 보약이 되었으니까 말이야." 그는 잠시 생각에 잠기더니 다시 이어갔다. "그런데 일본이라는 환경이 아니었다면 지금까지 오는 게 불가능했을 거야. 그런 면에서 노지리 마을은 '조개 속 진주'라고 표현할 수 있을 거야."

그의 설명은 이랬다. 일본은 기본적으로 폐쇄적인 성향을 가진 국가다. 평소에 입을 굳게 다물고 있는 조개처럼 꼭 필요한 상황이 아니면 외부와의 소통을 거부한다. 하지만 반대로 일단 안으로 들어온 이물질은 뱉어내지 않는 성향도 있다. 크게 문제가 없는 한 그대로 두는 것이다. 대신 이물질이 다른 것과 섞이지 않도록 조심한다. 왜냐하면 일본은 전통적으로 화합과 통일을 중요하게 생각하는 사회인데 그런 가치를 유지하려면 이물질이 내부물질과 섞이지 않는 게 낫기 때문이다. 결국 일본은 상호간의 소통을 차단하기 위해서 이물질 주위에 막을 두르게 되는데 그 과정이 오랫동안 지속되면 이물질의 고립성과 희소성은 점점 커지고 막이 두터워지면서 진주가 만들어지는 것이다.

나는 에릭의 설명과 통찰력에 깊은 감명을 받았다. 일본에 대한 깊이 있는 이해와 통찰력, 뛰어난 상상력이 뒷받침되어야만 가능한 은유라는 생각이 들었다. 그의 이야기를 듣고 나니 왜 이토록 희귀한 공동체가, 그것도 80년도 넘는 긴 역사를 가졌음에도 불구하고 외부에 거의 알려지지 않은 채—TV나 다른 매체를 통해 소개된 적도 거의 없고, 노지리 마을을 알고 있는 사람은 정말 소수라고 한다— 비밀스러운 장소로 남아있을 수 있었는지 이해가 갔다. 만약 한국에 이런 마을이 있었다면 어땠을까? 벌써 오래 전에 뻑적지근한 관광지가 되어있지 않았을까? 히든 샹그릴라! 노지리 마을은 세상과 격리되어 있는 비밀의 유토피아였다. 일본의 폐쇄성이 만든 일상 속의 오지였다.

해박한 지식과 자기만의 독특한 철학을 가진 에릭과의 대화에 나는 시간 가는 줄 몰랐다. 몇 십 년 간 학교에서 전문적으로 연구해온 그와 토론하기에는 내가 가진 지식과 영어실력이 너무 짧은 게 사실이었다. 하지만 한창 열심히 책을 읽고 학구열에 불타오르던 나에게 그 시간은 정말 소중하게 다가왔다. 나를 노려보는 강렬한 수지의 눈빛이 아니었다면 그대로 하루 종일 떠들다가 결국 하룻밤 더 묵게 되었을 것이다. 에릭은 집을 떠나는 우리에게 다음 결혼기념일에 마시라며 1997년-우리가 결혼한 해였다-산 메독 와인을 선물로 주었다. 세심한 배려와 따뜻한 마음에 나는 감동할 수밖에 없었다. "에릭, 건강하세요. 다음에 꼭 다시 만나요." 나는 포옹으로 그와 작별인사를 나눴다.

이제 마이클과 마리나와도 작별인사를 나눌 시간이었다. 그런데 안녕이라는 말이 쉽게 나오지 않았다. 불과 하루 전에 우연히 길에서 만난 사람들이라는 게 믿어지지 않을 정도로 깊은 정이 들었기 때문이었다. 마이클과 마리나는 하루 더 있다 가라며 우리를 잡았다. 하지만 우리에겐 가야할 길이 있었고 그들에게도 그들만의 휴식 시간이 필요했다. 일본이든, 한국이든 꼭 다시 만나자는 약속을 마지막으로 우리는 헤어졌다. 손을 흔드는 그들의 모습을 백미러로 바라보는 내 눈은 눈물로 흐릿해져 있었다. 슬픔과 아쉬움만의 의미는 아니었다. 전혀 예상치 못한 시간과 장소에서 소중한 친구들을 사귀게 되었고 정말 오랜만에 가슴 충만한 대화를 나눈 경험에서 오는 감동 때문이었다.

카루이자와에 도착한 건 오후 5시가 넘어서였다. 북알프스를 벗어나 인구밀도가 높은 지역으로 접어들면서 거리가 복잡해진데다가 오후 들면서 쏟아지기 시작한 비로 생각보다 시간이 많이 걸렸다. 원래는 캠핑을 할 생각이었지만 궂은 날씨 때문에 포기했다. 비도 비지만 바람이 너무 세서 거의 폭풍우 수준이었다. 우리는 중앙역 옆에 위치한 아울렛을 돌아본 후에 관광안내소에서 추천해준 펜션을 찾아갔다. 저렴한 요금에 비하면 객실도 크고 위치도 나쁘지 않은 곳이었다. 저녁식사는 마트에서 사온 돈가스와 도시락으로 해결했다. 전날의 흥겹고 떠들썩했던 파티에 대한 기억 때문인지 평소보다 외롭고 쓸쓸했다. 강한 바람이 밤새 창문을 요란하게 두들겨서 그랬는지도 모르겠다.

아침에 일어나보니 거짓말처럼 비가 그쳐 있었다. 혹시 몰라 우산을 들고 펜션을 나섰다. 나오기 전에는 산책을 어디로 갈까 고민했었는데 그럴 필요가 없었다. 진작부터 들르려고 했던 야생 새 공원 입구가 바로 옆에 있었기 때문이었다. 큰 비가 내린 후라 그런지 공원은 떨어진 나뭇잎과 갑자기 만들어진 도랑으로 어수선한 모습이었다. 방향도 모르는 채 마음 내키는 대로 한참을 걸었다. 정신을 차리고 보니 나는 어느새 공원 바깥에 위치한 고급 주택가에 서 있었다. 독특하면서도 세련된 디자인의 집들이 즐비한 마을이었다. 카루이자와는 도쿄에서 200km 정도 외곽에 위치한 고원 도시로 쾌적한 기후에 멋진 자연환경을 갖고 있어서 휴양지와 고급 주택단지로 인기가 높다.

산책 후에는 수지와 함께 몇 곳의 관광지를 돌아보았다. 그리고 중심가인 긴자 거리로 가서 오랜만에 시내 구경을 했다. 그런데 이상하게 흥이 나질 않았다. 뿐만 아니라 몸도 마음도 금세 피곤해지는 것 같았다. 비가 오락가락하는 궂은 날씨보다 더 큰 이유는 도시라는 생소한 환경 때문이었다. 우리는 어느새 자연에서 더 편안함을 느끼고 있었다. 사람들로 북적거리고 복잡한 도시가 이제는 불편하고 부담스럽게 다가오고 있었다. 빨리 한적한 자연 속으로 돌아가 캠핑을 하고 싶은 마음뿐이었다. 그런 면에서 다음 목적지가 도쿄라는 사실—도쿄에 사는 한 회원의 집을 방문하기로 약속이 되어 있었다—은 우리에게 좋은 뉴스일리 없었다. 우리는 우울한 기분으로 도쿄를 향했다.

도쿄로 가는 길은 멀고도 험했다. 도시가 가까워질수록 도로는 점점 더 복잡해졌고 엎친 데 덮친 격으로 폭우까지 퍼부어댔다. 수많은 신호등과 거리를 가득 메운 차량으로 가다 서다를 반복하고 있었다. 일본에 와서 처음 겪는 정체였다. 끝없이 이어지는 차량의 행렬 속에서 나는 답답함과 함께 두려움을 느꼈다. 카루이자와에서 느꼈던 것처럼 나는 도시에 대해 이질감 같은 것을 갖게 된 것 같았다. 이제는 자연을 집과 고향으로 생각하고 도시는 잠시 다녀오는 곳으로 바뀌어버린 듯했다. 이 여행을 하는 동안 천천히 진행된 변화였기에 받아들이는 데 큰 문제는 없었지만 평생을 도시에서 살아온 내가, 순도 높은 '도시인'인 내가 그런 감정을 느낀다는 건 정말 놀라운 일이었다.

도시에 대한 이질감이 절정에 이르렀던 것은 도쿄로 진입하는 14차선의 고가도로에서였다. 지금이 밤이라는 걸 잊을 정도로 눈부신 불빛과 도시를 향하는 거대한 차량의 행렬이 만드는 압도적인 풍경 앞에서 나는 입을 다물지 못했다. 내 머릿속에는 두 개의 상반된 이미지가 떠올랐다. 하나는 사막을 여행하는, 갈증과 배고픔에 지친 대상행렬을 환영하는 오아시스로서의 도시였으며 다른 하나는 거대한 입을 벌리고 개미들을 거침없이 먹어치우는 개미지옥으로서의 도시였다. 그 순간 나는 내가 느꼈던 두려움의 실체를 알게 되었다. 그것은 내가 도시가 아닌 자연을 집으로 여기면서 생긴 문제였다. 그렇게 된 이상 내 삶이 더 이상 예전과 같지 않으리라는 것을 예감했던 것이다.

다른 이미지도 떠올랐다. 이번엔 유유히 흐르는 강물과 드넓은 바다였다. 차 한 대가 겨우 통과할 수 있는 산악 도로가 마을을 만나 2차선이 되고, 작은 도시를 거치면서 4차선과 8차선으로 변하고, 급기야 14차선으로 넓어져 도쿄라는 거대한 도시로 향하는 모습은 높은 산에서 흘러내려온 시냇물이 다른 시냇물을 만나 도랑을 이루고, 결국 큰 강이 되어 바다로 흘러가는 강물의 여행과 다를 바가 없었다. 그렇다. 자연과 도시는 서로 순환하는 관계다. 태양에 의해 가열된 바닷물이 수증기가 되어 하늘로 올라갔다가 다시 비의 형태로 산과 숲에 뿌려짐으로써 물의 순환이 완성되듯이 인간의 문명도 자연과 도시가 조화롭게 순환하면서 상생하고 발전하게끔 설계되어 있는 것이다.

문제는 인간의 탐욕이 생태계를 파괴하고 결과적으로 지구라는 환경에 총체적인 위기를 가져온 것처럼, 서로 협력하면서 순환해야 마땅한 자연과 도시가 서로 적대적이고 이분법적인 관계로 전락하면서 인간의 문명 역시 벼랑 끝으로 몰리고 있다는 것이었다. 그러니까 자연스럽고 건강해야 할 도시와 자연의 흐름이 인위적으로 단절되고 갈등 관계로 변하면서 지구와 인류의 안녕이 큰 위기에 처하게 된 것이다. 결국 내가 보았던 두 개의 상반된 이미지는 더 나은 세상을 향한 인간의 이상과 자연은 물론 자신마저 부정하고 파괴하는 암울한 현실을 의미했다. 그것은 순환과 단절, 창조와 파괴, 지속가능성과 죽음 등 극한의 이중성으로 점철된 현재의 상태를 상징하는 것이었다.

또한 나는 도시가 공간과 시간을 압축하고 왜곡하는 현상을 관찰할 수 있었다. 세븐 일레븐 같은 편의점은 공간의 압축을 설명할 좋은 예였다. 시골에서는 축구를 해도 충분할 만큼 넓은 주차장을 갖고 있었던 편의점은 도시가 가까워질수록 그 크기가 줄어들어 도쿄 내에서는 경차 한 대를 겨우 댈 수 있는 공간이 있거나 그마저도 없는 곳이 대부분이었다. 풍선이 물속에서 수압 때문에 금세 쪼그라드는 것처럼 도시에서 공간은 응축되고 있었다. 빌딩은 다른 예였다. 도심에 만들어진 빌딩 숲은 도시가 단순히 공간을 작게 압축시키는 게 아니라 입체적으로 쌓아올림으로써 그 밀도를 계속 키워나가고 있다는 것을 보여주고 있었다. 공간의 밀도는 도시에서 무한대로 향하고 있었다.

시간 역시 마찬가지였다. 생물에게 활동과 휴식의 두 영역을 구분 지워주기 위해 자연이 만든 시간의 경계는 인간이 만든 도시에서 완벽하게 해체되어 있었다. 도시는 낮보다 더 밝고 화려한 야경과 24시간 오픈을 알리는 사인들로 그곳에 존재하는 모든 존재에게 쉼 없이 일할 것을, 더 빠르게 움직일 것을 명령하고 있었다. 그래야만 시스템이 문제없이 안정적으로 돌아갈 수 있다고 굳게 믿고 있기 때문이었다. 확장 가능성이 무한대인 공간과 달리 시간은 한계가 명확하다. 아무리 문명이 발달해도 하루를 25시간으로 늘릴 수는 없는 것이다. 그래서 도시는 속도를 높임으로써 시간의 밀도를 높이고 상대적으로 시간을 늦추려고 하고 있었다. 그것이 도시가 속도에 집착하는 이유였다.

그렇다면 시공간의 왜곡은 무엇을 의미하는가? 그것 역시 두 개의 상반된 의미로 해석할 수 있었다. 하나는 '시공간을 초월하는 단계에 접어든 인류문명'이라는 긍정적인 의미였다. 태양이나 블랙홀처럼 질량이 무거운 별이 중력의 굴곡을 만들고 우주의 진화를 이끄는 것처럼 인류문명 역시 엄청난 밀도와 무게를 바탕으로 새로운 차원으로 진화하고 있는 것이다. 다른 하나는 '시스템의 유지를 위해 제물로 바쳐지는 인간'이라는 부정적인 의미였다. 문명의 발전에도 불구하고 점점 더 커져만 가는 불확실성을 마주한 인류문명은 죽음과 파괴의 공포를 이겨내기 위해 거의 강박적으로 시공간을 부풀리게 되었고 그 과정에서 인간은 철저히 시스템의 도구와 노예로 전락해버린 것이다.

이처럼 나는 도시라는 집을 떠나 자연이라는 외부의 공간에 위치함으로써 외부인의 시선으로 도시를 바라게 되었다. 모든 것으로부터 자유롭고 독립적인 유목민으로 존재함으로써 인간을 제물로 그 거대한 바퀴를 돌리고 있는 시스템의 현실을 직시하게 되었다. 차가운 이성으로 문명을 비판할 수 있게 되었으며 뜨거운 감성으로 미래를 걱정하게 되었다. 역설적이게도, 문명과 시스템으로부터 멀어짐으로써 오히려 그것을 더 깊이 이해하고 사랑하게 된 것이다. 이제 나에게 도시는 전혀 다른 모습으로 다가오고 있었다. 그것은 여행의 첫 날 차 안에서 바라본 시모노세키의 풍경처럼 낯설면서도 익숙한, 현실과 판타지가 하나로 합쳐지는 시공간이었다. 그것은 새로운 모험의 세계였다.

시공간의 왜곡은 여행에서도 일어난다. 후반으로 갈수록 시간은 빨라지고 공간은 압축된다. 낯선 장소와 새로운 시간은 예전부터 알고 있었던 친숙한 느낌으로 다가온다. 여행자가 낯선 환경에 익숙해지고 여행에 몰입하게 되면서 스스로 시간과 공간의 왜곡을 경험하는 것이다. 그런 현상은 이번 여행에도 나타났는데 특히 마이클과 마리나의 통나무집을 떠나면서부터 더했다. 시공간은 세부적인 척도를 무너뜨린 채 모든 것이 한 데 응축된 덩어리의 형태로 빠르게 지나가버렸다. 그것은 도시가 시간과 공간을 압축시키는 것과 비슷한 현상이었다. 이제 나는 내가 경험했던 시공간의 왜곡을 이 글에서도 적용함으로써 한층 더 자유롭게 이 여행이 가진 의미를 탐색해나가려고 한다.

도쿄에서의 2박에 대해서는 할 이야기가 별로 없다. 딱히 중요한 일이 있었던 것도 아니고 이런저런 이유에서 세부적인 내용으로 들어가지 않는 게 낫겠다는 생각을 갖고 있기 때문이다. 그것은 새로운 사람을 만나고 에너지를 재충전하는 시간이었다. 우리는 대부분의 시간을 우리를 초대한 아쿠아 회원의 아파트에 머무르면서 대화를 나누고 휴식을 취했다. 그들과 함께 레인보우 브리지가 보이는 인공 섬 오다이바의 해변에서 도시락을 먹으며 피크닉을 즐긴 게 우리의 유일한 외출이었다. 그러는 동안에도 간간히 세탁기를 돌려 밀린 빨래도 하고, TV를 통해 한국 뉴스도 보고, 인터넷으로 일처리를 하는 등 도시 문명을 십분 활용하면서 나머지 여행을 위한 만만의 준비를 마쳤다.

도쿄를 탈출한 우리는 후지 산 주변에 있는 5개의 호수 중 하나인 사이코 호수에 자리를 잡았다. 호수와 후지 산이 한 폭의 그림을 만드는 멋진 전망을 갖고 있는 캠핑장이었다. 전망보다 더 매혹적이었던 것은 이른 아침 호수 위에 피어오르는 물안개였다. 호수 위로 구름처럼 피어오르는 물안개는 계속해서 그 모양을 바꾸면서 몽환적인 분위기를 연출했다. 호수를 둘러싸고 있는 도로에서의 아침산책도 즐거웠다. 전망도 멋진데다가 차도 거의 없고 조용해서 개인전용 트랙을 걷는 것 같았다. 하지만 모든 게 만족스러웠던 건 아니었다. 도쿄와의 가까운 위치와 후지 산이라는 이름값이 있어서 그런지 물가가 상당히 높았고 대부분의 시설들이 너무 상업적인 색깔로 운영되고 있었다.

후지 산에서 차로 2시간 거리에 위치한 이사와라 계곡이 우리에게 더 깊은 인상을 남겼던 것도 그 때문이었다. 거길 가게 된 것은 관광청 직원의 추천 덕분이었다. 덜 상업적인 곳, 때 묻지 않은 자연을 찾는다는 내 말에 그녀는 치치부타야 국립공원의 지도를 보여주었다. 그곳에 가면 멋진 트레킹을 할 수 있고 최고의 온천도 즐길 수 있다는 것이었다. 그렇게 해서 찾게 된 이사와라 계곡은 정말 아름다우면서도 아찔한 곳이었다. 엄청난 수량의 물이 쉴 새 없이 쏟아지는 계곡을 따라 올라가는 길과 간이 콩알만 해질 정도로 아슬아슬한 벼랑길을 걸을 때는 롤러코스터를 타는 것과 같은 스릴을 느낄 수 있었다. 다른 곳에서 일찍이 경험해본 적이 없었던 종류의 트레킹 코스였다.

온천은 가는 길부터 심상치 않았다. 구불구불한 산길을 끝도 없이 따라 올라가야 했다. 그동안 일본에서 꽤 많은 온천을 경험했었지만 그렇게 접근이 어려운 온천은 처음이었다. 사인을 따라 가면서도 설마 이런 곳에 온천이 있을까 하는 의구심마저 들 정도였다. 어두운 밤이라서 더 멀고 험하게 느껴졌을 것이다. 온천은 놀랍게도 산 정상에 있었다. 하지만 그것은 놀라움의 시작일 뿐이었다. 잠시 후 나는 그동안 내가 본 것 중에 가장 크고 가장 멋진 전망을 가진 노천탕과 마주하게 되었다. 운동장처럼 넓은 노천탕에 몸을 담근 채 무수히 많은 별들이 반짝거리는 것 같은 이시와라 시의 야경을 바라보고 있노라니 마치 벌거숭이의 몸으로 우주를 유영하는 듯한 기분이 들었다.

다음날 아침 우리는 해안도로를 타고 서쪽—도쿄를 기점으로 시모노세키 방향으로 되돌아가고 있었다—을 향해 달려갔다. 그것은 그 후로 며칠 동안이나 계속될 해안 드라이브의 시작이었다. 나고야 근교의 한 야산에 위치한 캠핑장에서 하룻밤을 보낸 후 다음날 또다시 하루를 꼬박 달린 끝에 목표로 했던 고야 산에 도착하게 되었다. 고야 산은 오사카 남쪽 산악지역에 자리 잡은 고원마을로 유서 깊은 사찰이 많기로 유명하다. 원래는 고야 산 근처에서 캠핑을 할 생각이었지만 계획을 바꾸어 더 가보기로 했다. 캠핑에 적당한 장소도 찾을 수 없었을 뿐더러 하루라도 빨리 복잡한 지역을 벗어나고 싶었기 때문이다. 모르긴 몰라도 계속 달리려는 관성의 힘도 크게 작용했을 것이다.

산악 지역을 빠져나가는 일은 쉽지 않았다. 북알프스 못지않게 어둡고 험한 산길이 이어졌다. 겨우 산을 빠져나오자 새로운 난관이 우리를 기다리고 있었다. 이번엔 고속도로였다. 이 여행을 시작한 이래 우리는 한 번도 고속도로를 탄 적이 없었다. 순전히 국도로만 움직여왔던 것이다. 그것은 여행 전에 세웠던 몇 가지 중요한 원칙 중 하나였다. 그런데 이제는 그 원칙을 깨뜨려야 할 시점이었다. 다음 목표인 시코쿠로 가려면 고속도로를 타는 방법밖에 없기 때문이었다. 원칙을 깨는 것보다 더 중요한 문제는 고속도로를 타고 안전하게 시코쿠까지 이동하는 일이었다. 오사카 주변으로 워낙 많은 고속도로들이 뒤엉켜있는데다가 어두운 밤이라 길을 찾아가는 일이 만만치가 않았다.

우리는 한쪽에 차를 세워놓고 손전등으로 지도를 비추어가면서 작전을 짰다. 만약의 경우를 대비해서 플랜 B를 준비하고 심호흡까지 한 후에 고속도로에 올랐다. 가장 먼저 나를 놀라게 한 것은 속도감이었다. 갑자기 빨리진 속도에 적응하는 일이 꽤나 힘들 거라는 생각은 하고 있었지만 그것은 내 예상을 뛰어넘는 수준이었다. 차들은, 표현 그대로, 총알처럼 움직이고 있었다. 두 번째 놀라움은 소음이었다. 마치 하나의 거대한 기계에서 나는 듯한 "웅~"하는 소리가 고속도로 전체에 울려 퍼지고 있었다. 나무 한 그루 찾아볼 수 없는 삭막한 환경 역시 낯설기는 매한가지였다. 내 눈앞에 펼쳐진 고속도로의 모습은 SF 영화에서 흔히 묘사하는 미래 도시의 그것과 다를 바 없었다.

그 흐름의 일부가 되는 데 성공하고 마음의 안정을 찾게 되자 내 머릿속은 새로운 의미를 찾기 위해 바빠졌다. 고속도로와 국도는 시공간을 대하는 태도에 있어서 낮과 밤 만큼이나 명확한 차이가 있었다. 고속도로에게 공간이란 시간을 벌기 위해서 극복해야 하는 대상이다. 싸워야하는 적이다. 고속도로가 환경으로부터 격리되어 있는 것도 그 때문이다. 그에 반해 국도에게 공간이란 밀접하게 영향을 주고받는 관계다. 친구이며 부모이자 친구다. 국도에게 공간이란 시간과 다름 아니며 서로 분리될 수 없는 하나의 환경이다. 나는 이런 사유를 통해 우리가 이 여행에서 국도를 고집했던 이유를 이해하게 되었다. 그것은 시공간에 관한 왜곡된 개념을 바로잡으려는 필사적인 노력이었다.

더 나아가 나는 그간의 삶을 고속도로와 국도에 비유하여 생각할 수 있게 되었다. 원래 나는 국도에 훨씬 더 가까운 삶을 살았었다. 목표를 향해 달려가기보다는 충분한 시간을 갖고 여기저기 기웃거리다가 신기하고 재미있는 일을 발견하면 언제든 멈추어 서서 그것에 빠져드는 스타일이었다. 그런데 언제부터인가 나는 고속도로를 달리고 있었다. 주변에 뭐가 있는지, 어떤 일이 벌어지고 있는지도 모른 채 무작정 앞으로만 내달리고 있었다. 시간에 쫓기고 있었다. 그것은 내 본성과 맞지도 않고 바람직하지도 않은 삶의 양식이었다. 쉬지 말고 빠르게 움직이라는 시스템의 요구에, 같은 방향과 속도이기를 강요하는 사람들의 압력에, 문명이 만드는 거대한 파도에 휩쓸려 있었던 것이다.

8.

분위기도 바꾸어볼 겸 여러분께 퀴즈를 하나 내보겠다. 일본 열도를 이루는 4개 섬의 이름을 맞추는 게임이다. 웬만큼 여행에 관심 있는 사람이라면 다음 3개의 이름은 바로 댈 수 있을 것이다. 혼슈, 홋카이도, 큐슈. 그러면 나머지 하나는? 정답은 시코쿠이다. 시코쿠의 이름이 상대적으로 덜 알려진 것은 다른 섬들에 비해 크기가 작고 발전이 더디기 때문이다. 1988년 세토대교의 완공으로 혼슈와 연결되기 전까지는 일본인들조차 쉽게 갈 수 없었던 곳이었다. 아직까지도 시코쿠하면 자연과 시골을 떠올릴 정도다. 하지만 최근에 88개의 사원을 순례하는 1,450km의 트레킹 코스가 소개되고, 우동의 본고장으로 알려지면서 시코쿠는 한국에서도 점차 익숙한 지명이 되어가고 있다.

혼슈와 시코쿠 사이에 위치한 이와지시마 섬에서 캠핑을 한 후 아침 일찍 시코쿠에 입성했다. 우리의 목표인 이아 계곡은 섬 중앙의 산악 지대에 있는 수많은 계곡 중 하나로 인간의 손때가 덜 묻은 원시적인 자연과 맑고 깨끗한 물로 유명한 지역이다. 그 곳에는 과거 걸어서 계곡을 넘어 다녀야 했던 옛 시절에 사람들이 덩굴을 엮어서 만든 다리가 많이 남아 있는데 그 중 대표적인 것이 카즈라바시이다. 불과 30m밖에 안 되지만 입장료를 내고 건너야 할 정도로 유명한 다리다. 우리는 그 다리에서 100m 남짓 떨어진 계곡에 자리 잡고 있는 캠핑장에 여장을 풀었다. 마을에서 직접 운영하는 곳이었는데 규모는 작지만 계곡의 경치와 물소리가 환상적이었고 비용도 매우 저렴했다.

캠핑장에서 한 커플을 만났다. 게리와 미에였다. 게리는 30대 초반의 호주인으로 호주 골드코스트에서 고래 투어 선박을 운전하고 있었고 미에는 일본인으로 오사카에서 직장을 다니고 있었다. 그들은 몇 달 뒤 결혼을 하고 시코쿠에 와서 살 계획을 하고 있었다. 왜 하필 시코쿠냐고 묻자 물이 깨끗하고 사람들도 활력이 넘치기 때문이란다. 게리는 자신이 고래 투어 선박을 모는 선장이 되었던 것도, 점점 사막화되고 있는 호주를 떠나 일본에 살려는 것도, 시코쿠를 택한 것도 다 물 때문이라면서 자기는 평생 물을 좇는 삶을 살아왔다고 말했다. 그래서 일 년 내내 깨끗한 물이 끊이지 않는, 평화롭고 건강한 시코쿠의 계곡이야말로 자신의 이상향이라는 게 게리의 이야기였다.

게리의 말을 듣다보니 내 삶도 물로 해석할 수 있겠다는 생각이 들었다. 나 역시 물을 따라다녔다. 열대의 섬에 매료되어 오랫동안 헤어 나오지 못했던 것도, 최근 몇 년간 일본에 빠져 있었던 것도 결국은 물 때문이었다. 내가 얼마나 물을 좋아하는지는 아쿠아라는 사이트 이름만 봐도 알 수 있을 것이다. 또 하나 깨닫게 된 중요한 의미는 캠핑이 물을 찾는 여행의 연장선상에 있다는 것이었다. 그러니까 내 관심이 바다에서 산으로 옮겨간 게 아니라─그 때까지 그렇게 믿고 있었다─ 물의 근원을 찾아 산과 숲으로 거슬러 올라왔던 것이었다. 알을 낳기 위해 강물을 거슬러 오르는 연어처럼 본질과 근원에 접근하기 위해 바다로부터 산으로 향하는 여행을 하고 있었던 것이다.

큐슈로 이동할 때는 페리를 이용했다. 시코쿠의 서쪽 끝에 있는 항구도시 야와타하마에서 출발하여 큐슈의 우스키 항─온천 도시 벳부 남쪽에 위치한다─에 도착하는 페리였다. 장점은 많았다. 차로 가자면 최소한 6시간은 걸릴 구간의 이동이 2시간 30분밖에 걸리지 않았고, 고속도로를 통과하는 데 드는 통행료와 기름 값을 합친 비용과 비교하면 요금도 매우 저렴했다. 페리가 얼마나 효과적인 교통수단이 될 수 있는지를 보여주는 장면이라 하겠다. 일본에서 바닷길은 단순히 섬을 연결하는 의미를 넘어서 자동차보다 더 빠르고 편한 지름길로서, 여행을 다채롭고 재미있게 만들어주는 요소로서 존재한다. 일본을 자동차로 여행할 사람이라면 페리에 충분한 관심을 기울여야 한다.

미야자키 근처의 한 민박집에서 밤을 보낸 후 다음날 정오경 에비노 고원에 도착했다. 에비노 고원은 키리시마 국립공원 내에 위치한 1,600m의 고원으로 3개의 칼데라 호수 등 화산활동으로 만들어진 독특한 자연환경을 가진 곳이다. 고원 전체가 국립공원으로 지정되어 있어서인지 자연이 순수하고도 원시적인 모습으로 잘 보존되고 있었다. 야생에서 방목되고 있는 동물-주로 사슴-들도 많이 보였는데 동물이라면 사족을 못 쓰는 수지에게는 가히 천국이나 다름없는 곳이었다. 또한 산과 호수를 둘러보는 다양한 트레킹 코스에 물 좋고 분위기 좋은 유황 온천까지 있으니 더 바랄 것이 없었다. 에비노 고원은 카미코오치, 토카쿠시와 함께 우리가 뽑은 이번 여행의 3대 명소였다.

그 곳에서 캠핑을 하는 동안 반가운 손님이 있었다. 여동생 부부였다. 이 여행의 마지막 4일을 우리와 함께 하기 위해 한국에서 날라 온 것이었다. 일주일 전쯤, 일본에 오겠다는 여동생의 전화를 받은 후로 우리는 그들을 만날 날을 손꼽아 기다리고 있었다. 오후 5시쯤 기타큐슈 공항을 출발한 그들이 캠핑장에 도착한 것은 밤 11시가 다 되어서였다. 오는 길에 사고라도 난 건 아닌가, 고원으로 올라오는 길을 못 찾는 건 아닐까, 캠핑장을 그냥 지나친 건 아닐까-캠핑장에는 우리밖에 없었고 칠흑처럼 어두웠다- 등등 온갖 걱정을 하면서 안절부절 하던 차에 밖에서 우리 이름을 외치는 동생의 목소리가 들렸다. 잠시 후 우리는 어둠 속에서 서로 얼싸안고 상봉의 기쁨을 나누었다.

동생 부부 중에 먼저 캠핑을 시작한 사람은 매제였다. 매제는 옐로우님과의 일본여행 직후 시작된 동계캠핑에 참여하면서 캠핑에 빠져들기 시작했고 회원들을 모집해서 떠났던 카미코오치 캠핑여행에도 동행했었다. 여동생은 그에 비하면 한참 늦었지만 늦바람이 무섭다는 속담을 증명이라도 하듯 남편보다 더 열성적으로 캠핑에 빠져들었다. 동생 부부와는 평소에도 자주 만나고 여행을 함께 하기도 하면서 친하게 지내왔었지만 캠핑을 시작하면서 그 관계는 한층 더 끈끈해지게 되었다. 캠핑이라는 공감대를 갖고 야외에서 함께 많은 시간을 보내면서 보다 친구 같은 관계로 발전했기 때문이었다. 그들을 일본으로 불러들였던 것도 그동안에 캠핑을 하면서 쌓아온 우정 덕분이었다.

에비노 고원에서의 2박 후 우리는 이 여행의 마지막 목적지인 아소 산으로 이동했다. 아소 산은 일본 최초의 국립공원으로 10만 년 전 화산의 폭발이 있었고 지금도 산 정상의 칼데라에서는 용암이 끓고 있는 활화산이다. 그 곳에서 우리는 꽤 바쁜 시간을 보냈다. 고원을 돌아다니며 전망과 드라이브를 즐겼고, 기쿠치 계곡에서 트레킹을 했으며 산토리 맥주 공장을 견학했다. 이제 이 여행도 얼마 남지 않았다는 아쉬움에 온천과 회전초밥집에 매일 출근을 했고 수지는 평소보다 더 많은 맥주를 마셨다. 기쿠치 계곡은 상당히 인상적인 곳이었다. 수량도 풍부한데다가 지의류가 매우 발달되어 있어서 웬만한 열대우림은 저리가라 할 정도로 신비롭고 원시적인 분위기를 풍기고 있었다.

일본을 떠나는 날 아침이었다. 화장실에 갔다가 푸드득거리는 소리에 고개를 들어보니 나방 한 마리가 눈에 들어왔다. 조금만 옆으로 가면 바깥으로 열려 있는 창이 있다는 것을 모른 채 계속 같은 유리창에 몸을 부딪치면서 힘을 소진하고 있었다. 순간 나는 나방을 도와주고 싶은 충동을 느꼈다. 나중에 알게 된 거지만 당시 나는 그 나방과 나를 동일시하고 있었다. 인간문명이 만들어낸 허구의 감옥—하지만 실제 감옥보다 더 효과적으로 작동하는—인 매트릭스에서 탈출하기 위해 애쓰는, 모든 굴레를 벗고 자유로운 삶으로 나아가기 위해 안간힘을 쓰는 내 모습을 그 나방에게서 발견했던 것이다. 나방을 도와주고 싶었던 마음은 바로 나 자신을 응원하고 구원하고자 하는 의지였다.

그날 밤 나는 시모노세키를 떠나는 페리의 갑판에 서서 스스로에게 이번 여행의 의미를 묻고 있었다. 나는 이 여행의 원래 목적, 즉 삶의 모델을 만드는 일에 성공했는가? 모르겠다. 내가 갖고 있는 유목민으로서의 정체성을 어렴풋이 보았을 뿐이다. 그러면 실패한 것인가? 아니다. 나는 이 여행을 통해 모험과 안정이라는 두 개의 상이한 가치가 균형과 조화를 이루는 법을 배웠고 불확실성을 헤쳐나가는 법을 몸으로 익혔다. 상처를 치유함으로써 자신의 본모습에 가까워졌으며 수지와의 관계도 그 어느 때보다 끈끈해졌다. 우정을 나눌 멋진 친구들도 만났다. 그리고 무엇보다 도시의 경계를 넘어 자연을 내 집처럼 생각하게 되었다. 이 정도면 성공이라고 할 수 있지 않겠는가?

다음날 아침, 부산 페리터미널에서 작은 소동이 있었다. 우리가 의심쩍어보였는지 아니면 원래 그런 건지 세관원은 모든 짐을 내리게 하고 차 밑바닥까지 살펴보았다. 캠핑여행을 하고 돌아왔다는 우리 이야기도 잘 안 믿는 눈치였다. 그런 과정에서 내가 발을 크게 다칠 뻔한 일도 있었다. 짐을 정리하던 중에 뭔가 뾰족한 것이 신발을 뚫고 들어오는 느낌에 깜짝 놀라 발을 들어보니 어른 검지 손가락만한 길이의 철근이 시멘트 바닥 위로 솟아 있었다. 신발의 맨 앞부분으로 밟았기에 망정이 었지 다른 부분이었으면 그대로 발바닥에 크게 상처를 입었을 것이다. 그 때 나는 깨닫게 되었다. 우리의 모험은 아직 끝나지 않았음을. 일상 이 모험인 세계, '다이나믹 코리아'에 돌아왔음을.

1.

캠핑. 캠핑은 자연을 즐기는 가장 보편적이고도 이상적인 방법이다. 캠핑은 전문적인 기술을 요구하지 않는다. 값비싼 장비도 필요로 하지 않는다. 마음만 먹으면 누구나 쉽고 간편하게 접근할 수 있는 야외활동이다. 캠핑은 우리가 제일 잘하는 것, 즉 숨 쉬고 먹고 자고 걷고 생존하기만 하면 되는 게임이다. 장소가 자연이라는 게 특별할 뿐이다. 캠핑만큼 자연을 가까이에서 꾸준하게 접하는 야외활동은 없다. 뭔가 특별한 것을 하는 동안에만 제한적으로 자연을 이용하는 게 아니라 자연 속에서 생활하는 개념이기 때문이다. 다른 아웃도어 활동의 가치가 자연 안에서 뭔가를 함으로써 만들어지는 거라면 캠핑의 가치는 자연 속에서 존재하는 것, 자연과 하나가 되는 것 그 자체에 있다.

캠핑의 포용력과 확장 가능성은 무한하다. 그 자체로서 존재의 개념이기 때문이다. 빈 그릇이 다양한 사물을 품는 것처럼 캠핑은 다른 활동을 포용한다. 캠핑이 특별한 획일성이나 한계를 갖지 않는 것도 그런 포용력 덕분이다. 창의력만 발휘하면 얼마든지 새로운 시도가 가능하다. 뿐만 아니라 다른 활동들과의 접목을 통해 끊임없이 진화해나갈 수 있다. 캠핑에 한계는 없다. 캠핑을 하는 사람의 한계가 있을 뿐이다. 더 나아가 캠핑의 가능성은 삶의 한계와 단조로움을 극복하는 데까지, 아니 새로운 차원으로의 진화까지도 이끌어낼 수 있다. 캠핑이 곧 생활이기 때문이다. 캠핑, 즉 자연 속에서의 생활에 변화가 생기면 그것은 도시 속 일상과 생활에서의 변화로 이어지게 된다.

하지만 캠핑의 가장 중요한 가치는 인간을 변화시키는 힘에 있다. 캠핑은 인간에게 새로운 환경을 부여해준다. 그것은 자연을 이루는 생명체로서 꼭 가져야하는 자연성을 회복시켜주는 치유의 환경이며, 존재의 생존과 안녕을 유지하는데 요구되는 생존능력을 갖게 해주는 학습의 환경이다. 또한 그것은 더 나은 삶으로 나아가는 데 꼭 필요한 모험심과 결단력을 만들어주는 변화의 환경이다. 캠핑은 인간을 자연이라는 낯설면서도 익숙한 환경에 배치시킴으로서 기계와 상품으로서의 껍데기를 벗어던지고 자연을 닮을 수 있는 기회를 제공한다. 그리하여 인간은 자연이 그러는 것처럼 자기만의 색깔과 정체성을 뚜렷이 하면서도 전체의 일부로서 조화를 이루는 법을 배우게 된다.

캠핑은 자체로 여행의 한 종류인 동시에 부족한 부분을 채워주는 파트너이기도 하다. 그것은 여행의 본질에 가까운 캠핑의 특성 때문이다. 캠핑은 여행이 지금처럼 화려해지기 이전의 순수함과 본질을 간직한 원형이다. 그래서 여행에 캠핑을 접목하면 시너지 효과가 나타난다. 순수하면서도 화려하고, 더없이 자유로우면서도 절제되어 있고, 비어 있는 듯 보이면서도 충만한 여행이 되는 것이다. 내가 많은 여행을 한 후 결국 캠핑여행에 귀착하게 된 것도 그런 이유에서이다. 그동안 다른 여행을 통해 착실히 쌓아왔던 자유와 화려함을 그대로 유지한 채 결핍된 부분이었던 순수함과 본질을 캠핑으로 채움으로써 내가 아는 그 어떤 여행보다도 완벽한 여행을 즐길 수 있게 된 것이다.

비록 현실로부터 도피하려는 불순한 목적에서 접근했음에도 불구하고 캠핑은 나를 바른 길로 인도해주었다. 상처 받은 영혼을 위로해주었고 파괴당한 자연성을 치유해주었다. 도시 풍경처럼 날카롭고 삭막했던 내 마음은 자연의 풍경처럼 부드럽고 풍요로워졌다. 극과 극으로 갈라져 서로 짓밟고 싸움을 일삼던 의식과 무의식은 빛과 어두움, 강과 바다처럼 건강하게 순환하면서 조화를 이루는 구조로 바뀌었다. 이제 관심은 몇 가지 질문에 모아지고 있었다. 캠핑으로부터 시작된 변화를 나는 어디까지 밀고나갈 수 있을 것인가? 이성과 본능, 문명과 자연이 하나로 어우러지는 삶이란 과연 어떤 모습일까? 수지와의 여행 후에 벌어질 일들이 궁금했던 것도 바로 그런 이유에서였다.

여행 후유증에 관한 이야기부터 시작해보자. 나는 이전에 겪었던 어떤 것과도 비교할 수 없는, 정말 심각한 수준의 여행 후유증을 경험했다. 그것은 단순히 여행의 추억을 그리워하고 현실에 복귀하는 것을 주저하는 수준이 아니라 인간이 만든 사회와 문명 일체를 거부하고 완전히 자연으로 돌아가고픈, 더 정확히 말하자면 종교인이나 은둔자로서 여생을 보내고 싶은 욕망에 시달리는 차원이었다. 시간이 갈수록 증세는 심해져 어느덧 나는 승려가 된 내 모습을 상상해보는 지경에 이르렀다. 내가 예쁜 두상을 가졌거나 채식주의자로서의 소질이 있었다면, 그러니까 나에게서 승려에 어울릴 만한 특징을 몇 가지만 발견할 수 있었다면 출가라고 부르는 일을 저질렀을 지도 모른다.

그런 나를 잡아준 것은, 아이러니컬하게도, 마이클과 마리나였다. 한국을 방문하겠다는 그들의 이메일은 나에게 구원의 메시지나 마찬가지였다. 그 때부터 내 고민은 어디에 가서 뭘 하면서 놀까로 바뀌게 되었으니까 말이다. 덕분에 나는 출가와 은둔의 유혹으로부터 벗어나 세속과 속세의 세계로 완벽하게 돌아올 수 있었다. 사실, 노지리에 있는 그들의 통나무집에서 한국음식에 대해 이야기를 나눌 때 심하게 흔들렸던 그들의 눈동자-그들은 평소 김치를 사먹을 정도로 한국음식 마니아이다-를 생각하면 마이클과 마리나의 한국 방문은 어느 정도 예상할 수 있는 부분이기도 했다. 그래도 그 시기가 이렇게 빨리 올 줄은 몰랐다. 이런 대책 없는 여행자들 같으니라구!

아직도 겨울의 기운이 채 가시지 않았던 2월말, 우리 부부는 인천공항에서 그들을 픽업하여 바로 전라도로 향했다. 나누어야 할 이야기도 맛봐야 할 음식들도 많았기에 일 분 일 초도 낭비할 수 없었다. 그 여행에서 우리는 실로 엄청난 음식을 먹어치웠다. 안면도의 세조개 샤브샤브와 해물, 무안의 짚불 삼겹살, 강진의 돼지불고기 한정식, 전주의 비빔밥…. 마이클과 마리나는 지금까지 자신들이 먹었던 한국음식은 가짜였다고 하면서 식도락의 세계에 빠져들었다. 그들은 모든 음식을 잘 먹는 것은 물론이고 한국인 중에서도 못 먹는 사람이 많은 갈치 젓갈이라든지 비리고 매운 음식들까지도 무난히 소화해냈다. 가이드를 하는 사람 입장에서는 정말 대견하고 자랑스러운 외국인이었다.

먹기만 했던 것은 아니다. 월출산 등반을 포함해서 많은 곳을 걸었고 시골 장터 등 많은 곳을 구경했다. 전주 한옥마을에 묵으면서 여행자의 기분에 젖어보기도 했다. 마지막 밤은 여동생의 아파트에서 보냈다. 당시 여동생은 일본으로 어학연수를 떠날 계획을 하고 있었는데, 마이클과 마리나와 친해진 후 노지리와 가까운 나가노에 가기로 결정을 내렸다. 〈물은 알고 있다〉라는 책을 보면 '물은 세상 반대편에서 일어나는 일에도 반응하고 공명한다'는 내용이 있는데, 어쩌면 사람의 인연이라는 것도 그런 게 아닌가 하는 생각이 든다. 비슷한 꿈을 가진 사람들은 시간과 공간의 한계를 뛰어넘어 친구가 될 수 있는 게 아닐까. 여행을 마칠 때 쯤 우리는 영혼을 나눈 친구가 되어 있었다.

내가 여행의 근본적인 가치를 탐구하는 내용의 책을 쓰기 시작한 것은 그들이 떠난 직후의 일이었다. 오래 전부터 생각해왔던 주제였고, 그런 주제에 도전할 수 있을 정도로 그동안 많은 경험을 쌓아온 것도 사실이었지만 그것은 수지와 했던 캠핑여행이 아니었으면 아예 불가능했던 책이었다. 왜냐하면 모든 내용의 근간을 이루는 '안정과 모험'이라는 테마가 바로 그 여행에서 만들어진 것이었기 때문이다. 그렇게 해서 출간된 〈집보다 여행〉은 나에게 큰 의미가 있는 작품이었다. 그것은 여행사에 입사해서 캠핑여행에 이르기까지 여행에 대한 다양한 실험과 사색을 정리하는 졸업 작품인 동시에 이제 여행을 벗어나 본격적으로 삶의 영역을 탐험하겠다는 의지가 담긴 선언문이기도 했다.

그 해 여름, 나는 다시 일본을 방문했다. 마이클과 마리나의 한국 방문에 대한 답례의 성격과 함께 나가노에서 일본어 공부를 하고 있는 여동생을 만나는 목적도 있는 여행이었다. 그렇게 해서 수지와 나, 여동생과 매제, 마이클과 마리나는 노지리의 통나무집에서 다시 뭉쳤다. 우리는 함께 장을 보고 음식을 만들면서-무려 4가지 종류의 김치도 만들었다- 매일 밤 파티를 즐겼다. 하루는 글렌이 경작하는 밭에서 블루베리 서리를 했다. 햇빛을 가득 머금은 블루베리를 그 자리에서 바로 따먹는 맛은 정말 기가 막혔다. 다른 날에는 노지리 호수에서 수영을 했다. 나는 호수 중간에 띄어놓은 나무판 위에 누워 일광욕을 즐겼다. 그 순간 나는 세상에서 가장 행복한 사람이 되어 있었다.

고백하건대, 당시 나는 이 책-캠핑 노마드-을 그 때까지의 스토리로 마무리 지을 생각이었다. 적당히 해피엔딩 분위기인 것이 그 정도면 여행기로서 나쁘지 않은, 아니 내가 만들 수 있는 최상의 결말이라고 생각했다. 그런데 이상하게도 글을 쓸 수가 없었다. 계속 시도를 했지만 번번이 실패로 끝날 뿐이었다. 컴퓨터 앞에 앉아서 진땀만 흘릴 뿐 단 한 줄도 진도를 나갈 수가 없었다. 그 때문에 고민도 많았다. 글 쓰는 감각을 잃어버린 건 아닌가 걱정도 되었고, 내가 너무 게을러져서 이제 아무 것도 못하게 된 것 아닌가 하는 자책에 빠지기도 했다. 특히 수지의 얼굴을 볼 면목이 없었다. 이 책이 우리에게 새로운 삶의 방향을 제시하게 될 거라고 큰 소리를 쳐왔었기 때문이었다.

하지만 글을 쓸 수 없었던 이유는 따로 있었다. 내 양심이 그것을 허락하지 않았기 때문이었다. 두 번의 캠핑여행을 계기로 내 삶에서 벌어진 변화의 주제, 내가 이 책을 통해 세상과 소통하고 싶었던 주제는 '어떤 삶을 살아야 할 것인가?'라는 철학의 문제였다. 그것은 거의 필연적으로 치열하고도 불확실한 결말을 예고하는 것이었다. 그런 면에서 일본에서의 행복했던 순간으로 이 책을 마무리하려했던 것은 일종의 자기기만이었다. 시장에서 잘 팔리는 상품을 만들기 위한 자본주의적인 기획과 전략의 소산이었다. 현실과의 타협이었다. 다행히, 나는 끝끝내 글을 쓸 수가 없었다. 그것은 내 양심이 아직 살아 있다는 것을, 그것이 내 몸과 마음을 지배하고 있다는 것을 의미했다.

2.

시공간은 또 한 번 압축된다. 이야기는 많지만 끝날 때가 되었기 때문이다. 한 권의 책이 담을 수 있는 이야기가 제한선에 도달했기 때문이다. 나는 이 책이 더 이상 복잡해지는 것을 원하지 않는다. 주제가 양분되는 것을 원하지 않는다. 나는 이 책이 '어떤 삶을 살아야 할 것인가?'라는 질문의 수준에 머물기를 바란다. 그것이 이 책의 역할이자 운명이라고 생각한다. 아직 남아 있는 몇 페이지를 통해 그 질문에 대한 나의 생각을 이미지의 형태로 제시하겠지만 그 역시 질문의 범주를 벗어나지는 않을 전망이다. 그것은 추상적인 질문을 보다 구체화하고 실체화하기 위한 자료일 뿐이다. 남은 이야기를 제대로 하자면 또 한 권의 책이 필요할 것이고 나는 아마도 그렇게 할 것이다.

영혼을 나눌 수 있는 친구들을 얻었고 20년 간의 여행 경험을 정리하는 졸업 작품까지 완성했지만 그것이 이 이야기의 마무리일 수는 없었다. 새로운 삶의 방향이 정해지지 않았기 때문이었다. 그것이 정리되지 않는 한 모든 것은 과정이자 미완성으로 남아있게 될 터였다. 한 가지 희망적인 것은 새로운 삶의 모습이 조금씩 구체화되고 있다는 것이었다. 그것은 바로 유목민적인 삶이었다. 나는 우리가 새로운 종류의 유목민으로 진화할 수 있다고 믿고 있었다. 지금까지 어려운 여건 속에서도 정착을 거부하면서 유목민의 정체성을 유지해왔기 때문에 우리를 둘러싼 현실의 틀을 깨고 조금만 더 나아갈 수 있다면 이상적인 형태의 유목민적인 삶을 만들 수 있다고 굳게 믿고 있었다.

유목민적인 삶으로 나아가는 데 있어서 핵심적인 문제는 여행과 생활로 분리되어 있는 삶을 하나로 통합하는 일이었다. 다른 사람들의 눈에는 내가 이미 그런 삶을 사는 것처럼 보일 수도 있었지만 그것은 상대적인 평가일 뿐이었다. 나는 여행을 직업으로 하고 있을 뿐, 그래서 남들보다 여행에 가까운 삶을 살고 있을 뿐, 내 삶은 두 세계로 분리된 채 서로 충돌을 일으키고 있었다. 평소엔 여행을 꿈꾸느라 일상에 제대로 집중하지 못했고, 또 정작 여행을 할 때는 현실에 대한 걱정으로 여행에 완벽하게 빠져들지 못했다. 나는 어느 쪽에도 제대로 뿌리를 내리지 못한 채 공중에 떠 있는 삶을 살고 있었다. 그런 와중에 두 세계가 만든 균열은 시간이 지날수록 커져만 가고 있었다.

내가 생각하는, 이상적이면서 실현 가능한 삶의 모델은 지속적으로 지역을 이동하면서 사는 방식이었다. 그렇게 하면 여행과 생활의 경계를 무너뜨릴 수 있을 것 같았다. 정착하지 않고 계속 움직인다는 점에서 그것은 분명 여행이지만 한 곳에 오래 거주하면서 평소에 하던 일-사이트 운영과 글쓰기 같은-을 하고 그 지역의 주민이 되어보는 기회를 갖는다는 점에서 그것은 생활이기도 했다. 그렇게 하면 여행자의 감성과 긴장감을 유지한 채 내가 속한 환경과 긍정적인 영향을 주고받는 로컬이 될 수 있을 것 같았다. 여행자인 동시에 로컬로 존재하기! 내가 꿈꾸는 삶의 정의였다. 그것은 또한 안정을 바라는 수지와 모험을 원하는 내가 타협할 수 있는 유일한 길이기도 했다.

새로운 삶의 모델이 만들어지자 우리를 에워싸고 있는 현실의 장벽이 확연하게 드러났다. 유목민이 되기에는, 한 마디로, 우리의 삶이 너무나 무거웠다. 소유하고 관리하는 것이 너무 많았다. 그런 짐들을 벗어던지기 전에는 어떤 시도도 성공할 수 없을 것 같았다. 나는 새로운 고민에 돌입했다. 이번에는 지금까지와는 다른, 훨씬 더 심각한 고민이었다. 왜냐하면 그것은 청춘을 바쳐 이룩한 기반과 앞으로 지속적으로 따먹게 될 열매를 내 손으로 파괴하는 것을 의미했기 때문이었다. 그것은 생활습관을 바꾸고 삶을 점진적으로 개조해나가는 일과는 차원이 다른 문제였다. 모든 것을 파괴하고 뒤엎는 혁명이었으며 무작정 무지개를 찾아 길을 나서는 무모하기 짝이 없는 모험이었다.

하지만 나는 알고 있었다. 어떤 대가를 치러서라도 그 길을 가게 될 거라는 것을. 나는 그것을 운명으로 받아들이고 있었다. 수지의 반응은 예상 외였다. 이런 식의 급진적인 변화에 대해 늘 부정적인 태도를 견지하던 그녀가 이번에는 별다른 고민도 없이 고개를 끄덕인 것이다. 지난 캠핑여행과 최근 몇 년간의 변화를 함께 해오면서 그녀와 내가 같은 생각을 갖게 되었다는 것 외엔 설명할 방법이 없다. 수지의 동의까지 얻었으니 이제 더 이상 망설일 게 없었다. 내가 가장 먼저 정리한 것은 3년 만에 꽤 안정적인 궤도로 들어섰던 여행 컨설팅 사업이었다. 10년 동안 해오던 가이드북 사업이 그 뒤를 이었다. 나는 함께 일하던 기자들에게 조건 없이 저작권을 넘기고 독립시켰다.

가장 힘들었던 건 카페였다. 그것은 단순한 사업이라기보다는 오랜 기간 함께 동고동락해온 가족이나 다름없었기에 쉽게 포기할 수가 없었다. 그 곳에서 벌어졌던 수많은 일들과 소중한 관계들을 생각하면 큰 죄를 짓는 것 같았다. 어떻게 해서든 그 생명을 이어갔으면 하는 간절한 마음에 우리는 주변에서 카페를 맡아서 운영할 수 있는 사람을 물색했다. 오랜 기다림 끝에 적임자가 나타났다. 카페 아쿠아라는 이름과 여행자 카페로서의 전통을 이어갈 수 있는 사람이었다. 그렇게 해서 우리는 아쿠아 사이트 하나만 남기고 모든 걸 정리하는 데 성공했다. 1999년 아쿠아를 오픈한지 거의 12년 만에 예전의 한없이 가벼웠던 모습으로, 진정한 유목민의 모습으로 돌아오게 된 것이다.

그 정도면 계획을 실행에 옮길 수 있는 조건이 갖추어진 셈이었다. 나는 마일리지를 이용해서 일 년간의 항공 예약을 하고 떠나기 며칠 전 양가 부모님에게도 말씀을 드렸다. 장남, 장녀로서 해야 할 도리도 못하고 오히려 걱정만 끼쳤던 우리였지만 자식과의 이별을 반길 부모는 없었다. 특히 당신들 눈에는 사업이 망해서 해외로 도망가는 것으로 보였기 때문에 양가의 걱정이 대단하셨다. 불같이 역정을 내시는 아버지와 하염없이 눈물을 흘리는 어머니를 뒤로 하고 서울로 돌아오는 길에

안개가 어찌나 자욱하던지. 불과 몇 미터 앞도 볼 수 없는 도로가 불확실성으로 가득한 우리들의 삶을 상징하는 것 같았다. 2010년 12월 9일, 우리는 지인들의 배웅 속에 인천공항을 떠났다.

지금 이 자리에서, 우리가 했던 여행에 대해 자세히 소개하는 것은 무리다. 대략적인 정의를 내리는 것으로 만족해야 한다. 그것은 시스템에 연결된 줄을 자르고 진공의 우주를 둥둥 떠다니는 시간이었다. 이론으로만 생각했던 유목민적 삶의 모델을 현실과 현장에서 실험해보고 지속적으로 가다듬어 나가는 작업이었다. 또한 그것은 삶의 속도와 온도를 더 느리고 차갑게, 거의 극한에 도달할 때까지 밀어 부쳐보는 실험이기도 했다. 우리는 일체의 부산함을 자제한 채 가벼운 산책과 사색으로 대부분의 시간을 보냈다. 우리의 생활은 성직자나 수도승의 그것에 비견될 만큼 단순하고 고요한 것이었다. 고원이라는 환경-대부분의 체류지가 고원이었다-도 그런 생활에 도움이 되었다.

네팔의 포카라에 있는 동안 수지와 나, 휴가를 받아 놀러온 내 친구와 아들, 이렇게 네 사람은 일주일 일정으로 안나푸르나 트레킹에 나섰다. 텐트에서 잠을 자고 밥도 해먹는 캠핑 스타일의 트레킹이었다. 3,900m의 고지에서 캠핑을 하고 다음날 아침 4,400m의 능선을 걷고 있을 때였다. 밑으로 흰 구름이 자욱하게 깔려있는 두 개의 계곡 사이로, 폭이 2m밖에 안 되는 아슬아슬한 길 위에서 나는 내 삶의 의미를 깨닫게 되었다. 그것은 조금만 부주의하거나 겁을 먹게 되면 까마득한 절벽 아래로 떨어지게 될지도 모르는 위험한 길이었다. 그러나 정신만 집중하면 문제없이 계속 걸어갈 수 있는, 이 세상 것이라기엔 너무나 황홀하고 아름다운 경관이 함께 하는 천상의 길이었다.

우리는 카페 관련한 문제로-여전히 우리에게 소유권이 있었다- 한 국을 떠난 지 7개월 만에 급작스럽게 귀국하게 되었다. 유목민적 삶이 라는 이상으로부터 카페라는 현실로 돌아오게 된 심경은 복잡했다. 예 전의 삶으로 돌아가게 될까봐 두렵기도 했고 맞아야 할 매를 먼저 맞은 것처럼 홀가분해지기도 했다. 사실, 해외에서 생활하는 동안 우리는 행복해하면서도 마음 한 편에 늘 불안함을 갖고 있었다. 이 삶에 너무 익숙해져버리면 다시 현실세계로 돌아가는 데 어려움이 있을지도 모른 다는 생각이 들었기 때문이었다. 우리가 구현했던 유목민적 삶은 꿈이 아닌 현실을 토대로 하고 있었지만 그것은 언제든 깨지기 쉬운 불안한 현실이었다. 더 튼튼하고 견고한 기반이 필요했다.

카페로 돌아오고 얼마 후 나는 청소를 하기 시작했다. 그것은 내가 했던 두 번의 캠핑여행처럼 미지의 공간을 탐험해 나아가는 식의 대청 소였다. 내 손길은 눈에 보이지 않는 구석진 곳, 지난 10년 동안 먼지와 기름이 차곡차곡 쌓여왔던 곳까지 미쳤다. 아울러 불필요한 일체의 것 들이 정리됨으로써 공간은 그 어느 때보다 가벼워졌다. 그것은 유목민 으로 거듭난 자신에게 맞는 공간을 만드는, 비움과 정화의 시간이었 다. 한 달간 계속된 청소 후에 우리 눈에 흡족해진 카페는 마치 텅 빈 운동장 같은 모습을 하고 있었다. 사람들은 그런 카페를 보고 어리둥 절해 했다. 남부럽지 않게 화려하고 낭만적인 분위기를 갖고 있던 공간 이 너무나 단순한 모습으로 탈바꿈했으니 놀랄 만도 했다.

내 마음이 호수처럼 평온해진 것을 느낀 것도 그 즈음이었다. 그것은 그간의 삶에서 한 번도 느끼지 못했던 평화였다. 끊임없이 나를 괴롭혀 오던 모든 욕망들이 사라진 듯한, 심신의 더러운 때가 씻겨나가고 다시 어린 아이의 순수함을 되찾은 듯한 느낌이었다. 어찌나 마음이 평화롭던지 그냥 그대로 아무 것도 하지 않은 채 평생을 살 수도 있을 것만 같았다. 아니, 정말 그래야만 할 것 같았다. 내 안에 어떤 의욕이나 에너지도 남아 있지 않은 것 같았기 때문이었다. "그렇게 열심히 노력한 결과가 결국 식물인간이라니!" 나는 허탈함에 빠지기도 했다. 하지만 나에게는 한 여자의 남편으로서, 한 가족의 장남으로서, 한 인간으로서의 책임이 있었다. 어떻게 해서든 힘을 내야 했다.

내가 이 책을 쓰기 시작한 건 그 때부터였다. 머릿속에 꽉 차 있는 복잡한 생각을 단순화하고 흐릿한 그림의 해상도를 높이기 위해서는 정제된 글을 쓰는 작업이 꼭 필요했다. 그것도 현실의 어려움 때문에 괴로워하는 수지를 보면서, 스스로 감정의 온도를 올리고 안으로부터 에너지를 쥐어짜다시피 해서 겨우 시작한 일이었다. 하지만 작업은 여전히 지지부진했다. 아직도 뭔가가 부족한 듯한 느낌을 지울 수 없었다. 한계에 부딪힌 나를 구출한 것은, 이번에도, 마이클과 마리나였다. 그동안 그들은 원하는 삶을 살기 위해, 미루어두었던 꿈을 실현하기 위해 직장을 그만두고 시골로 이사를 한 상태였다. 그들이 열흘간의 일정으로 한국을 방문했던 것도 그런 삶의 변화 때문이었다.

우리는 김장을 하러 부모님 댁을 방문한 것 외에는 서울에 머물면서-카페에서 텐트를 치고 잠을 잤다- 깊은 대화를 나누었다. 그것은 비슷한 삶을 살아가는 동지로서 함께 고민하고 서로를 응원하는 시간이었다. 지도가 탄생하게 된 것도 그 때였다. 평소 생각해오던 삶의 형태를 이미지로 그려놓고 마이클과 마리나에게 설명을 하던 중에 한 장의 지도가 만들어진 것이다. 그것은 내가 생각하는 삶의 의미를 함축적으로 표현하는 '꿈의지도'-이 책을 펴내는 출판사 이름이기도 하다-였다. 또한 그것은 신비롭고 아름다운 자연법칙의 상징이자 미지의 세계로 통하는 문을 여는 열쇠였다. 나는 책 쓰기도 미룬 채 그것에서 파생되어져 나오는 메시지를 해석하는데 총력을 기울었다.

드디어 우리는 6년간에 걸친 긴 여행을 마치고 현재 시점에 도달한다. 지금 나는 충청북도 월악산에 위치한 닷돈재 캠핑장에서 이 글을 쓰고 있다. 예전에 KFC 할아버지가 그랬던 것처럼 이곳에서 한 달 동안 캠핑을 하는 중이다. 지난 몇 달 동안에도 많은 일들이 있었다. 1월 말에는 카페를 완전히 정리했으며-타이 레스토랑을 하겠다는 사람에게 넘겼다- 결혼 후 처음으로 별거생활을 시작했다. 수지가 장모님 댁에 머무는 동안 나는 제주도 보목동에 위치한 한 펜션에서 두 달, 서울 방배동에 있는 여동생의 집에서 한 달, 경기도 연천군 신탄리에 있는 친구의 집에서 한 달, 청주의 아트 스튜디오에서 한 달을 보낸 후 지금 여기에 있다. 다시 유목민의 삶이 시작된 것이다.

이제 삶의 방향은 확실해졌다. 유목민의 삶을 지속하면서 내가 해야 할 일을 해나가는 것이다. 여기서 일이란 다른 사람들이 자유로운 삶을 쟁취할 수 있도록 돕는 것이다. 과거에 여행이 그랬듯이 이번에는 삶을 도울 차례인 것이다. 자유여행에 이은 자유 인생! 여기서 말하는 '자유 인생'이란 나처럼 여행과 생활을 통합한 유목민의 삶을 통해서만 도달할 수 있는 목표가 아니다. 그것은 자신의 이상과 현실을 하나로 통합하는 과정의 삶이며 적극적으로 환경과 소통하면서 긍정적인 영향을 주고받는 형태의 삶이다. 그것은 스스로 도구이기를 거부하고 존재 그 자체에서 생의 의미를 찾는, 가장 완벽한 형태의 자유를 추구하는 삶의 철학이다. 형태보다 더 중요한 건 가치와 철학이다.

하지만 외부로 드러나는 내 삶은 여전히 오리무중이다. 아니, 한층 더 불확실해졌다. 지금의 내 모습은 백수와 다름 아니며 가장 가까운 사람들에게마저 버림받기 직전이다. 하지만 내 마음은 여전히 평온하다. 아니, 자꾸만 웃음이 나온다. 누가 봐도 비관적인 지금의 상황이 나에겐 웃지 않고서는 못 배길 코미디로 다가온다. 내가 삶의 주체로서 자유롭고 능동적인 삶을 살 수 있다는 자신감이 드는 지금, 왜 사람들은 나를 손가락질하고 외면하는가? 왜 사람들은 그들의 잣대로만, 외면의 모습으로만 사람을 평가하는가? 내면의 성취와 아름다움에는 왜 그렇게 관심이 없는가? 사람들은 왜 그렇게 획일적이기만 바라고 새로운 가치에 도전하는 일에는 그토록 인색하고 잔인한가?

3.

나는 여행자다. 호기심을 동력으로 세상을 탐험하는 여행자다. 몸이 못하면 머릿속에서라도 움직여야 직성이 풀리는 여행자다. 동시에 나는 여행을 직업으로 하는 사람이다. 지난 20년 간 나는 가이드였고 여행 기자였으며 여행자 카페와 커뮤니티 운영자였다. 나에게 여행이란 단순히 즐기기만 하면 되는 것이 아니라 연구하고 고민하고 몸으로 부딪혀야 하는 실존의 세상이었다. 나에게 여행이란 새로운 의미를 찾아내고 창조함으로써 사회 안에서의 존재가치를 증명해야 하는 삶의 도구였다. 남들보다 먼저 미지의 영역에 가보고 그곳에 가야하는 이유와 방법을 알려주는 것이 나의 임무였다. 하지만 그것은 돈을 버는 방법이기 전에 신나는 놀이였고 내 DNA에 새겨진 소명이었다.

그런 내가 지도를 보물처럼 생각하는 건 당연하다. 길을 떠나는 여행자에게 천 마디 만 마디 말보다 더 중요한 게 지도이기 때문이다. 지도는 우리에게 공간의 형태와 의미를 알려주고 위치와 남은 거리를 가르쳐주며 목표에 도달할 수 있는 최선의 방법을 제시한다. 미지의 세계로 탐험을 떠날 수 있는 용기와 불확실성에 맞서 싸울 수 있는 힘을 준다. 나는 지도를 그리는 사람이다. 그동안 나는 수없이 많은 지도를 그려왔다. 그런 경험이 나로 하여금 내가 걷고 있는 길을 공중에서 내려다보고, 전체적인 구조 속에서 파악하고, 그것을 지도로 표현하는 능력을 갖게 해주었다. 지난 6년간에 걸친 방황과 45년간의 인생을 지도로 표현할 생각을 하게 된 것도 그런 이유에서이다.

이것은 삶의 흐름과 의미를 4단계로 표현한 지도다. 이것은 인생 전체를 관통하는 것일 수도 있고 몇 년, 몇 개월일 수도 있으며 몇 시간, 아니 몇 초 안에 벌어지는 일일 수도 있다. 즉 거시적일 수도, 미시적일 수도 있다는 것이다. 이 지도에서 중요한 것은 각 단계의 모양이고 의미이다. 지도는 전체적인 형태와 구조만 제시할 뿐 그 크기나 세부적인 형태는 주체에게 달려있다. 미리 DNA에 정해져 있을 수도 있고 자

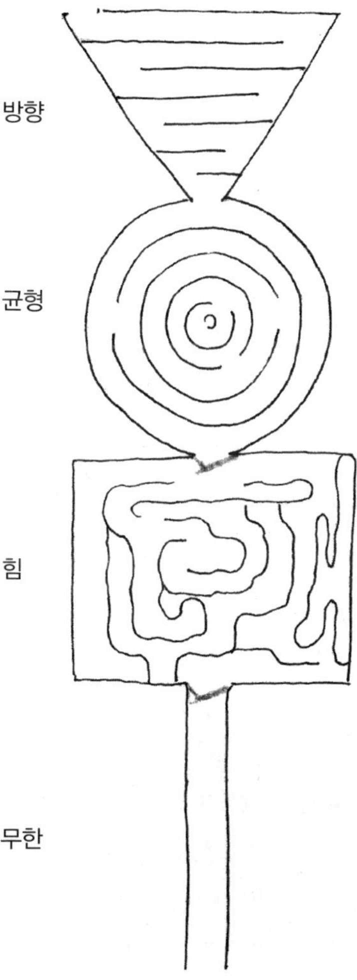

방향
균형
힘
방향
무한

신이 직접 지도의 미로의 모양과 크기를 선택할 수도 있다. 그림에서도 나타나듯이 자유도는 아래 단계로 갈수록 증가한다. 미로는 점점 더 복잡해지고 그에 따라 선택의 여지도 커진다. 마지막으로, 이것은 원래 입체지도다. 이해를 돕기 위해 평면으로 표현한 것이다.

첫 번째는 방향의 단계로 4단계 중에 가장 중요하다. 지도의 최종적인 방향과 크기와 모양이 결정되는 단계이기 때문이다. 이 단계에서 방향을 제대로 잡지 못하면 아무리 노력해도 과녁을 맞히지 못하게 된다. 우주미아로 전락하거나 처음부터 다시 시작하는 벌을 받게 된다. 그것도 운이 좋을 때 한해서. 이것은 삶을 살아가는 데 꼭 필요한 기술인 생존능력을 배우고 바람직한 인간상을 만들어가는 단계다. 다이아몬드의 원석을 다듬고, 가능성을 만들어가는 단계다. 빨리 하고 앞서가는 건 별 의미가 없다. 제대로 완벽하게 마치는 게 중요하다. 이것은 호기심과 필터링의 단계이다. 가능한 많이 경험하면서 필요 없는 것을 걸러내는 과정이다. 이것은 미로라기보다는 좁아지는 길이다.

두 번째는 균형의 단계다. 이것은 나와 우리, 모험과 안정 등 이분법적인 가치 사이에서 균형을 잡는 법을 배우고 세상과 화합하면서 사는 방법을 터득하는 단계다. 이 단계에서는 자신과 타인의 차이를 발견하는 과정을 통해 정체성을 확립하게 되며 자기만의 독창적인 시각으로 새로운 우주를 창조하게 된다. 또한 반복과 순환을 통해 힘과 기술을 연마하게 되고 자신이 갖고 있는 리더십 또한 시험대에 오르게 된다. 이것은 관성을 벗어나는 식으로 다른 길로 접어들게 되는 단순한 미로의 형태를 띠고 있으며 높이와 깊이로 연결된다. 이 단계를 제대로 마치지 못하면 계속 다람쥐 쳇바퀴만 돌게 되는 벌을 받게 되며 설사 다음 단계로 넘어가더라도 위험을 감당할 수 없게 된다.

세 번째는 힘의 단계이다. 이것은 지금까지 쌓은 힘과 기술로 난관을 헤쳐나가면서 더 큰 힘을 갖게 되는 단계이다. 여기서 힘이란 지구력과 인내심, 결단력과 통찰력, 지혜와 용기를 말한다. 이 단계에선 기존의 시스템과 가치로부터 벗어나 스스로 새로운 영토를 개척해나가게 되는데, 그것은 궁극의 자유와 존재이유를 찾는 여행이 시작되는 것을 의미한다. 이 단계로 통하는 문을 통과하려면 제 시간, 제 장소에 있어야 할 뿐 아니라 적합한 형태로 존재해야 한다. 이것은 매우 복잡한 미로일 뿐 아니라 빛도 없는 캄캄한 동굴이다. 거대한 불확실성의 세계다. 누구든 헤매고 좌절할 수밖에 없는 구조다. 아픔과 상처를 이겨내면서 가는 길이다. 스스로 빛을 내는 법을 배우는 과정이다.

네 번째는 무한의 단계이다. 이것은 호기심과 관찰, 통찰을 통해 문제 해결에 이르는 단계이며 새롭게 발견한 영토와 기존의 영토 사이에 다리를 놓는 단계이다. 힘과 기술 뿐 아니라 고도의 정확성이 요구되는 작업이다. 이 단계에선 우주와 자신의 진정한 의미를 깨닫고 신성한 자유의지로 자신에게 부여된 임무를 수행함으로써 자신과 세상의 진정한 주인이 된다. 이 단계가 무한한 이유는 이 세상에 완벽함이란 존재하지 않기 때문이다. 새로운 영토는 넓을수록, 그곳에 이르는 다리는 많을수록 좋기 때문이다. 이것은 완벽함을 향해 끝없이 정진하는 길이며 뜨거운 빛을 차가운 시공간으로 변화시키는 신의 작업로다. 이것은 미궁이다. 무한히 반복되면서도 다른 뫼비우스의 띠다.

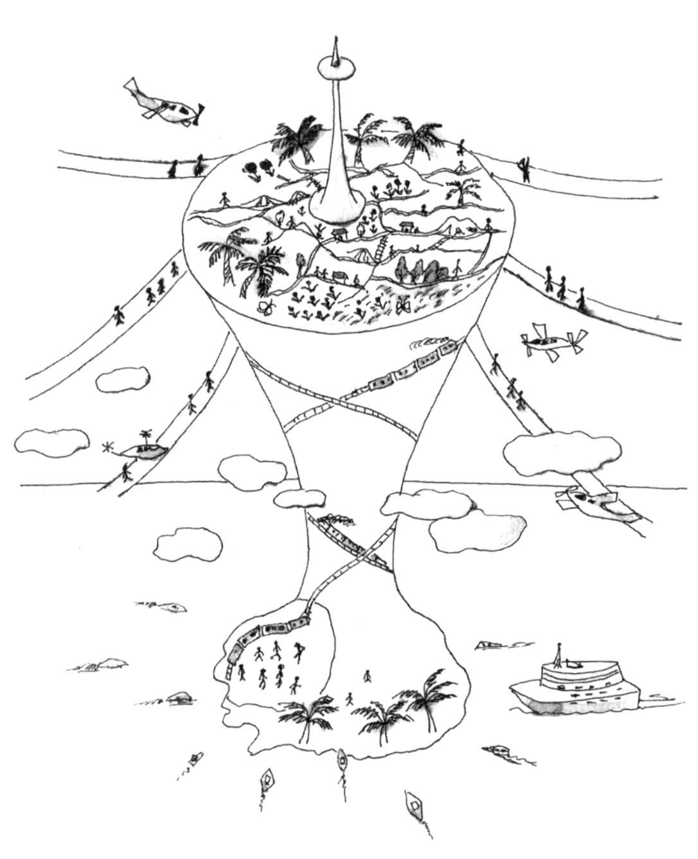

이 지도는 무엇을 의미하는가? 그것은 우리 앞에 미지의 시공간이 기다리고 있음을 말해준다. 우리가 드넓은 공간을 외면한 채 좁은 공간 안에서 아옹다옹 살아가고 있음을 보여준다. 서로를 물어뜯고 괴롭히게 되는 이유를 알려준다. 자유의 속박과 불평등, 경쟁과 착취를 조장하는 시스템으로부터 해방될 수 없는 이유를 설명해준다. 또한 이 지도는 우리가 결국 어디로 가게 되는 지를 가르쳐준다. 자연과 문명은 이미 균형의 단계를 지나 힘의 단계, 즉 불확실성의 시공간에 들어와 있다. 기존의 관성을 유지하려는 시스템과 그 안에 갇혀있는 우리가 다음 단계로 나아가는 것에 대해 힘겹게, 지극히 부자연스럽게 저항하고 있을 뿐이다. 원하든 원하지 않던 우리는 그곳으로 가게 된다.

섬의 고원! 그것은 이 지도로 만들어지는 형상 중 하나로서 내가 생각하는 이상향이다. 그곳은 아득히 먼 바다와 까마득히 높은 고원이라는 두 개의 막과 경계로 둘러싸여 있는 세계다. 대륙으로부터 충분히 멀고 높아서 획일성을 요구하는 시스템의 압력으로부터 자유로울 수 있고, 자기만의 희소가치와 존재감으로 빛날 수 있는 세계다. 더 이상 폐쇄적일 필요가 없어서 한없이 열린 형태로 존재하게 되는 시공간이다. 만약 그런 곳에 살게 된다면 누구나 거추장스러운 가면을 벗어던지고 진실해질 수 있지 않을까? 서로의 존재에 대해 감사하면서 각자의 차이를 축복으로 인정할 수 있지 않을까? 우리 모두 보다 순수하고 평등한 모습으로 서로를 사랑하면서 살 수 있지 않을까?

4.

종착역이다. 여행기도 아니고 성장소설이나 자기계발서도 아니고 가이드북이나 철학서도 아닌, '도를 아십니까?'는 더더욱 아닌, 그러나 어쩌면 그 모든 것일지도 모르는 이상한 책이 그 끝을 향해 달려가고 있다. 나에게 이 책이 힘겨웠던 이유는 거의 마지막 순간까지도 내가 무엇에 관해 쓰고 있는지를, 그 끝이 어디인지를 알 수 없었기 때문이었다. 열심히 산을 올라보면 앞에 더 높은 산이 나타나고 하나의 퍼즐을 맞추면 그것이 더 복잡한 퍼즐이 주어지는 식이었다. 그럴 때마다 나는 좌절하고 괴로워하다가 결국 처음으로 돌아가 모든 것을 다시 시작해야만 했다. 그것은 이 광활한 우주 속에 먼지보다 작은 존재에 불과한 나의 의미를 깨닫게 되는 멀고도 험한 여정이었다.

너무 멀리 왔다. 집으로, 사람들 틈으로 되돌아가야 할 때다. 전략 같은 것은 없다. 캠핑여행에서 그랬던 것처럼 구체적인 계획 없이 자유롭게, 환경과 자신의 변화에 반응하면서 나아갈 것이다. 물결이 이끄는 대로 흘러갈 것이다. 표류할 것이다. 불확실성은 적이 아니다. 그것은 자유다. 구원이다. 설사 영원히 사람들 틈으로 돌아가지 못한다고 해도, 내가 가진 가치를 인정받지 못하고 계속 쓸모없는 사람으로 남게 된다고 해도 후회는 없다. 이것은 내가 선택한 삶이다. 적어도 나는 걷고 싶은 길을, 내 영혼이 가리키는 방향을 따라 걸어왔다. 이제 나는 파도를 기다린다. 나를 육지로 데려다줄 파도를 기다린다. 바람을 기다린다. 날갯짓 없이도 하늘을 날게 해줄 바람을 기다린다.

숨겨진 의미를 깨닫는 일. 그것은 어려움은 물론 허무함을 극복하는 힘이다. 의미는 세상의 모든 수수께끼-숫자로 이루어진 수학 문제를 포함하여-를 푸는 열쇠다. 의미를 좇는 것은 아름다움을 향한 구도자의 자세이며 섬의 고원에 이르는-능선 길로의 행진이다. 우리는 아나톨 프랑스의 말처럼 길이 아름다우면 그 끝이 어디를 향하는지는 묻지 말고 그 길을 향해 걸어야 한다. 서명숙씨의 말마따나 쉬멍, 놀멍, 걸으멍 그 길을 차근차근 올라가야 한다. 가까운 이상부터 실현하고 그것을 베이스캠프 삼아서 한 걸음씩 앞으로 나아가야 한다. 이상과 현실을 징검다리 삼아 강과 바다를 건너고 절벽을 올라가야만 한다. 시간이 지나도 변치 않는 자기만의 가치를 찾을 때까지.

우리가 알고 있는 오지는 사라졌다. 에베레스트조차 인파와 체증으로부터 자유롭지 못할 정도다. 대부분의 오지는 파괴당했고, 드물게 살아남은 곳은 너무 큰 희생을 요구한다. 하지만 우리는 여전히 오지를 포기할 수 없다. 그것 없이는 제대로 숨을 쉴 수도, 건강한 삶을 영위할 수도 없기 때문이다. 이런 상황에서 우리가 선택할 수 있는 유일한 길은 내면과 일상의 오지, 가까우면서도 멀고 익숙하면서도 낯선 오지를 찾아서 탐험하는 것이다. 그것은 포획되지 않은 야생의 공간이며 더럽혀지지 않은 순수의 공간이다. 그것은 어디에도 종속되지 않는 자유의 공간이며 사랑과 행복으로 충만한 공간이다. 그것은 방해받지 않는 영혼의 쉼터이며 미지의 세계로 통하는 비밀의 문이다.

나는 노마드다. 유목민의 전통과 가치를 간직한 채 미래를 향해 진화하는 노마드다. 길들여지지 않은 야생마인 동시에 세련된 문명인일 수 있는 노마드다. 끊임없이 삶의 깊이를 탐험하고 새로운 영토를 발견하는 노마드다. 소통과 연대의 힘으로 사회를 변화시키고 스스로 더 멀리까지 나아가는 노마드다. 실낱같은 희망만으로도 어둡고 외로운 길을 홀로 걸어갈 수 있는 노마드다. 진리와 이상을 향해 한 걸음씩 전진하면서 삶을 예술로 승화시키는 노마드다. 존재의 절대적인 자유를 실현하는 노마드다. 슬픔과 고독마저 희망과 즐거움으로 바꾸고 시련의 오디세이를 캠핑과 여행 같은 놀이로 만드는, 그래서 언제 어디서든 자유롭고 행복할 수 있는 노마드다. 나는 캠핑 노마드다.

 ## 고마움과 미안함을 전하며

가족에 대한 불평불만이 많았지만 그것은 반어적인 의미다. 나처럼 자신의 삶 전체를 실험에 사용할 수 있었던 사람은 드물 것이다. 가족들의 인내와 희생이 없었다면 불가능한 일이었다.

어머니는 30년 동안 병마와 싸워오면서도 삶의 희망과 의지를 놓지 않으셨던, 진정한 투사였다. 내가 가진 용기와 사랑은 그녀로부터 온 것이다. 그녀는 나의 영웅이다. 하늘에서 나를 지켜보고 계실 어머니에게 이 책을 바친다. 아버지는 나에게 맞지 않은 삶을 강요함으로써 내가 가야할 길을 찾는 데 결정적인 역할을 해주셨다. 어쩌면 그는 진정한 자유의지는 억압과 고통 속에서만 발현된다는 것을 깨우쳤던 선각자이셨는지도 모른다.

수지는 다른 방식으로 나를 키워왔다. 자신을 희생하고 나를 채찍질 해주었으며 마지막까지, 거의 마지막 순간까지 나와 함께 했다. 하늘에 계신 장인어른과 자식을 위해 모든 걸 다 바치신 장모님, 그리고 처제에게 감사한다. 동생인 영제와 은예는 탐험을 함께 하기도 하고 내 대신 베이스캠프를 지키는 식으로 도움을 주었다. 우리는 예전처럼 다시 뭉칠 것이다. 든든한 매제인 도근씨와 제수씨에게도 감사한다.

　그 외에도 감사할 사람들이 많다. 우선 초등학교 이후로 좋은 친구였던 상혁, 장혁, 영도에게 감사한다. 중학교 시절의 희준이와 이름이 생각이 안 나는 친구들에게 감사한다. 고등학교 때 만나 많은 모험을 함께 했던 정재와 재용이에게도 감사한다. 먼저 세상을 떠난 종철이에게도 변함없는 우정을 보낸다.

　아쿠아를 하면서 함께 땀 흘렸던 분들에게 감사한다. 고참님, 네코님, 보영씨, 미선씨에게 감사한다. 돌핀호텔님과 아메노히님과 또치망고님, 허허님에게도 감사하고 쁘릭키누님, 롱바케님, 릴리님, 치치님, 세이브님에게도 감사한다. 카페 아쿠아에서 아르바이트했던 분들에게도 감사하고 태승빌딩의 이승수 사장님에게도 감사드린다.

　아쿠아 회원에게도 감사한다. 특히 끝까지 곁을 지켜준 장돌뱅이님과 모스님, 옐로우님, 안토니오님과 안나님, 보사님, 로빈님, 비오님, 현준님, 야니님과 난나님, 그리고 종규씨와 지환씨에게 감사한다. 나와는 다른 노마드 스타일로 영감을 준 권혁란씨와 애스티님에게도 감사한다. 마지막으로 부족한 글을 인내해주신 꿈의지도 식구들에게 감사한다. 그 외에도 감사할 사람들이 많지만 마음으로 대신한다.

　타인의 마음을 이해하지 못하고 자신의 욕망을 실현하는 데에만 눈이 멀었던, 한 미성숙한 인간이 저질렀던 일에 대해, 그로 인해 상처를 받았던 분들에게 마음 속 깊은 곳으로부터의 미안함을 전한다.